# DIE GRÜNE WASSERAGAME
## *PHYSIGNATHUS COCINCINUS*

Heiko Werning

Kräftig gefärbtes, junges erwachsenes Nachzuchtmännchen
Foto: H. Werning

# Inhalt



Bildnachweis:
Titel: Großes Männchen Foto: M. Schmidt
Kleines Bild: Jungtier Foto: M. Schmidt
Seite 1: Wasseragamen-Weibchen im Terrarium Foto: H. Werning

2. Auflage 2007



ISBN 978-3-937285-32-0


An der Kleimannbrücke 39/41
48157 Münster
www.ms-verlag.de

Geschäftsführung: Matthias Schmidt
Lektorat: Kriton Kunz
Layout: go autark Rupp & Hogeback GbR
Druck: Druckhaus Fromm, Osnabrück

# Vorwort

DIE Grüne Wasseragame ist ohne Frage ein „Klassiker“ der Terraristik. Seit Jahrzehnten ist sie fester Bestandteil sowohl im Angebot des Zoohandels als auch in den Terrarien der Liebhaber. In den letzten Jahren aber hat diese imposante Agame nochmals einen atemberaubenden Aufstieg erfahren: Inzwischen gehört sie sicherlich in die „Top Ten“ der beliebtesten Echsen. Dabei hat sie teilweise, ähnlich wie die Bartagame, den Schritt vom reinen Terrarientier, das aus biologischem Interesse und aus Faszination am exotischen Pflegling gehalten wird, hin zum regelrechten Haustier „geschafft“, das einen persönlichen Namen bekommt und zu dem der Halter eine enge emotionale Bindung aufbaut. Beide Herangehensweisen sind Zweige der Terraristik, die sich im Lauf der Zeit auseinander entwickelt haben. Sicherlich haben beide Wege ihre Berechtigung, solange einerseits die Ansprüche dieser Wildtiere, die sie trotz allem doch bleiben, erfüllt werden, und zum anderen der Hang zur Vermenschlichung nicht den nüchternen biologischen Blick vollends verdrängt.

**Wasseragamen sind neugierig.**
Foto: M. Schmidt

Die Beliebtheit der Grünen Wasseragame verwundert nicht, wenn man sich die Eigenschaften dieser Tiere ansieht: Mit ihrer attraktiven Grünfärbung, der kräftigen Statur, der respektablen Größe und den bizarren Rücken-, Nacken- und Schwanzkämmen wirken diese Echsen wie kleine Saurier, wie der Inbegriff eines exotischen, Ehrfurcht gebietenden und doch wunderschönen Geschöpfs. Die Babys dagegen sind mit ihren rundlichen, großen Köpfen einfach entzückend und niedlich – sie erobern die Herzen jedes Echsenfreundes im Sturm. Ein großer Vorteil der Grünen Wasseragame ist zudem, dass sie sich sehr an ihren Pfleger gewöhnt und regelrecht zahm wird. Und schließlich sind diese Echsen hervorragend für die Terrarienhaltung geeignet und auch recht problemlos nachzuzüchten. Sie sind also nicht weniger eindrucksvoll und sympathisch als der ebenso berühmte Grüne Leguan, nur dass die Grüne Wasseragame diesem gegenüber einige erhebliche Vorteile aufweist: Sie bleibt doch ein ganzes Stück kleiner als ihr amerikanisches Gegenstück, was ihre Pflege auch unter „normalen" räumlichen Bedingungen ermöglicht. Außerdem ist sie weit weniger anfällig für ernährungsbedingte Krankheiten und Stoffwechselstörungen. Und ihre Ansprüche an die Terrarientechnik sind weitaus bescheidener.

Die große Beliebtheit der Grünen Wasseragame führte allerdings leider auch dazu, dass Jungtiere dieser Art in großen Stückzahlen als Wildfänge in den Handel gelangen und dort zu Schleuderpreisen regelrecht verhökert werden. Das verleitet unbedarfte Interessenten zum unbedachten Zugreifen – was oft genug fatal für die Echsen ausgeht, denn so gut haltbar sie auch sind, einige grundlegende Anforderungen stellen sie wie jedes Tier natürlich auch, und besonders ihr Platzbedarf ist trotz der oben erfolgten Bemerkung nicht unerheblich und wird häufig unterschätzt.

Dieses Buch möchte als kleiner Leitfaden die Ansprüche der Grünen Wasseragame an die Haltung erklären und die häufigsten, immer wiederkehrenden Fragen zur Pflege dieser Echsen beantworten. Auch auf die Nachzucht der Tiere wird eingegangen. Das Interesse für die spannende Biologie dieser Agamen zu wecken und zur weiteren Beschäftigung mit dem Thema anzuregen, ist ein weiteres Anliegen dieses Büchleins. Tiefergehende Hintergrundinformationen können hier nicht gegeben werden, dafür verweise ich auf mein ausführliches Buch „Wasseragamen und Segelechsen".

Ich wünsche allen angehenden Wasseragamen-Haltern viel Freude und natürlich Erfolg mit ihren „kleinen Drachen".

*Heiko Werning*

*Berlin, im Herbst 2004*

# Was sind Grüne Wasseragamen?

**AGAMEN** sind eine große Echsengruppe, die in der Alten Welt, also in Afrika, Asien, Australien und Europa, weit verbreitet ist. Ihre nächsten Verwandten sind die Chamäleons und die Leguane, ihre Gegenstücke in der Neuen Welt.

Innerhalb der Agamen bilden die Wasseragamen eine Gattung, deren wissenschaftlicher Name *Physignathus* lautet. Hierzu zählen zwei Arten, neben unserer Grünen auch noch die Australische Wasseragame (*Physignathus lesueurii*).

Der wissenschaftliche Name der Grünen Wasseragame lautet *Physignathus cocincinus.* Der Artname leitet sich vom früheren Namen Cochinchina (bzw. Kotschinchina) der Terra typica ab – also der Region, aus dem das Exemplar stammte, anhand dessen die Art wissenschaftlich beschrieben wurde. Übrigens: Das grammatikalische Geschlecht der „Agame" und damit auch der „Wasseragame" ist eindeutig weiblich, also „die Agame". Die im Internet in letzter Zeit um sich greifende Variante „der Wasseragam" ist falsch und wohl als Ausdruck eines extrem unzulänglichen Informationsstandes derjenigen „User" zu werten, die so schreiben. Auch der wissenschaftliche Name ist durch die Erstbe-

**WUSSTEN SIE SCHON?**

Echsen gehören – ebenso wie z. B. Schlangen, Schildkröten und Krokodile – zu den Reptilien. Allen Reptilien gemein ist eine Eigenschaft, über die jeder Halter Bescheid wissen muss: Reptilien sind wechselwarme Tiere. Das bedeutet, sie können anders als Säugetiere und Vögel ihre Körpertemperatur zum größten Teil nicht durch physiologische Prozesse, also nicht „von allein" steuern und auf der erforderlichen Höhe halten, sondern sie nutzen dazu die Außentemperatur. Um die zur vollen Aktivität nötige Körpertemperatur zu erreichen, muss ein Reptil daher einen warmen Platz aufsuchen. Bei niedrigeren Temperaturen sind die Tiere langsamer, ihr Stoffwechsel funktioniert nur eingeschränkt, und oft sind z. B. ihre Farben dunkler. Das gilt auch für die Grüne Wasseragame.
Zwei weitere wichtige Charakteristika aller Echsen sind das Wachstum und die Beschaffenheit der Haut: Die Schuppenhaut der Reptilien bildet eine verhornte obere Schicht aus, die die Tiere gut z. B. vor Austrocknung schützt. Jedoch sind diese verhornten Hautschichten nicht mehr flexibel, sie können nicht mehr wachsen. Deshalb müssen sich alle Echsen von Zeit zu Zeit häuten, wenn ihre alte Haut zu „eng" geworden ist. Dieser Vorgang verläuft bei der Grünen Wasseragame eher undramatisch und meist in größeren Fetzen, also nicht an einem Stück wie bei Schlangen und manchen Echsen. Dementsprechend findet der Pfleger auch keine vollständigen „Häute" (Exuvien) im Terrarium, sondern nur einzelne Teile davon. Reptilien wachsen übrigens im Gegensatz zu uns Menschen ihr ganzes Leben lang, also auch nach Erreichen der Geschlechtsreife, mit zunehmendem Alter jedoch nur noch sehr wenig und kaum noch messbar.

schreibung, die 1829 durch CUVIER erfolgte, eindeutig festgelegt und lautet eben „*cocincinus*". Andere kursierende Varianten – teils auch in wissenschaftlicher Literatur –, wie z. B. „cochinchinus", sind ebenfalls falsch.

Häufig wird unter Terrarianern nur von „Wasseragamen" gesprochen, ohne Angabe zur Art. Im Regelfall ist dann die Grüne Wasseragame gemeint, während bei *P. lesueurii* normalerweise der „volle" Name, also „Australische Wasseragame", gesagt oder geschrieben wird. Um Missverständnissen vorzubeugen, sollten Sie aber zumindest eingangs klarstellen, über welche Wasseragame sie sich unterhalten wollen.

Die Vertreter der Agamengattung *Lophognathus* wurden früher ebenfalls zu *Physignathus* gerechnet. Im Handel tauchen sie gelegentlich noch unter diesem Namen auf. Man kann davon ausgehen, dass es sich dabei um absichtliche Falschbenennungen zur Umsatzsteigerung handelt, damit die unbekannteren Tiere vom positiven Image der eigentlichen Wasseragamen profitieren. Der deutsche Name „Streifenwasseragame" lehnt sich an die frühere Gattungszuordnung an. Nähere Informationen zu diesen ebenfalls sehr interessanten Arten sowie zur Australischen Wasseragame und den großen Segelechsen (*Hydrosaurus*) finden Sie bei WERNING (2002).

**WUSSTEN SIE SCHON?**
Die verwandtschaftlichen Beziehungen zwischen den beiden Wasseragamen-Arten der Gattung *Physignathus*, deren Verbreitungsgebiete weit voneinander entfernt sind, scheinen längst nicht so eng zu sein wie früher angenommen, sodass damit zu rechnen ist, dass die Australische Wasseragame zukünftig aus der Gattung herausgelöst wird. *Physignathus* wäre dann eine so genannte monotypische Gattung, deren einzige Art die Grüne Wasseragame wäre (siehe hierzu WERNING 2002).

**WUSSTEN SIE SCHON?**
Im Gegensatz zu den Leguanen können Agamen ihren Schwanz nicht oder kaum abwerfen und regenerieren. Auch Grüne Wasseragamen werfen ihren Schwanz nicht aktiv ab (keine Fähigkeit zur Autotomie). Jedoch können sie natürlich bei Verletzungen Teile des Schwanzes verlieren. Entgegen früherer Meinung weisen sie ein geringes Regenerationsvermögen auf, das aber je nach Art der Schwanzverletzung unterschiedlich ausfällt. Manchmal wird ein kleines Regenerat gebildet, manchmal nicht (siehe WERNING 2002).

**Die zweite Art der Gattung *Physignathus* ist die Australische Wasseragame (*P. lesueurii*).** Foto: H. Werning

## Beschreibung

GRÜNE Wasseragamen gehören ohne Frage zu den imposantesten Echsen. Sie können mit Gesamtlängen von über 100 cm sehr beeindruckende Ausmaße erreichen, bleiben aber in der Regel mit 65–75 cm deutlich kleiner. Etwa zwei Drittel ihrer Länge entfallen auf den Schwanz. Die Kopf-Rumpf-Länge (KRL) erwachsener Tiere liegt normalerweise bei ca. 20–25 cm, ab einer KRL von etwa 15–17 cm sind die Tiere geschlechtsreif. „Normal" große Männchen wiegen etwa 600 g und sind damit deutlich massiger als die Weibchen, die nur rund 350 g auf die Waage bringen.

**WUSSTEN SIE SCHON?**
Die attraktive Färbung dient den Tieren in der Natur zur Tarnung. In ihrem immergrünen Umfeld sind die Agamen damit sehr unauffällig. Die Bänder und Streifen führen im Spiel von Licht und Schatten des Waldes zu einem völligen „Auflösen" der Konturen vor dem Hintergrund.

Namensgebend im Deutschen ist die prächtige, kräftig grüne Färbung der Tiere. Im Gegensatz zu ihrem amerikanischen Gegenstück, dem Grünen Leguan, bleiben auch erwachsene Tiere kräftig grün gefärbt, wenn sie gegenüber den tiefdunkelgrünen Jungtieren auch ein wenig verblassen. Jungtiere sind zudem noch mit hellen, unregelmäßigen Querstreifen gemustert. Diese verblassen mit zunehmendem Alter und verschwinden bei den Erwachsenen schließlich ganz oder sind nur noch andeutungsweise zu erkennen. Der Schwanz ist in jedem Alter mit breiten, dunklen „Ringeln" gemustert, die nach hinten hin breiter werden; das hintere Viertel inklusive der Schwanzspitze ist dann ganz dunkel gefärbt. Die größeren Schuppen im unteren Schnauzenbereich sind weiß getönt, manchmal vor allem bei Männchen auch mit Anflügen von Rosa oder gar Blau. Die Kehle ist grünlich oder grüngelb. Männchen zeigen manchmal auch gelblich orange Farbtöne auf den Flanken. Die Bauchseite ist hellgrün bis weißlich.

Ein weiteres auffälliges Merkmal der Grünen Wasseragame sind die Kämme, die vor allem bei den Männchen stark ausgeprägt sind. Bei den Weibchen sind sie deutlich niedriger oder fehlen ganz, auch die Jungtiere weisen noch keine Kämme auf. Man kann deutlich einen Nacken-, einen Rücken- und einen Schwanzkamm unterscheiden, auch wenn Nacken- und Rückenkamm ineinander übergehen.

Die Kämme werden von einzelnen, stark vergrößerten, dreieckigen, spitz auslaufenden Schuppen gebildet, die auf einer wulstähnlichen Hautfalte stehen. Besonders stark ausgeprägt ist dieser fleischige Hautsaum auf dem Nacken. Die Höhe des Kamms fällt bei alten, erwachsenen Tieren mit ca. 12 mm sehr beeindruckend aus, ist aber individuell extrem schwankend.

Der Körperbau ist seitlich abgeflacht, wie es für viele baumbewohnende Echsen typisch ist, die Gliedmaßen sind sehr kräftig. Die Schnauzenform variiert im Verbreitungsgebiet; die heute meist aus Vietnam eingeführten Grünen Wasseragamen haben eine eher länger gezogene Schnauze als ihre Artgenossen, die früher aus Thailand zu uns kamen.

Trotz dieses geografischen Unterschiedes sind Unterarten bei *P. cocincinus* nicht anerkannt.

## Wie kann ich das Geschlecht meiner Wasseragamen erkennen?

Bei Grünen Wasseragamen fällt zunächst eine ganze Reihe von Geschlechtsunterschieden auf: Männchen sind größer und massiger, vor allem ihr Kopf ist deutlich kantiger und breiter, ihre Backen wirken geschwollen, ihre Kämme sind stärker ausgeprägt, und auf der Unterseite des Oberschenkelansatzes haben sie eine Reihe deutlich erkennbarer vergrößerter Schuppen, die so genannten Femoralporen. Als „schwaches" Merkmal kommt noch hinzu, dass bei Männchen die Gelb- oder Rosatöne im unteren Maul-, Backen- und Flankenbereich oft kräftiger sind.

Trotz dieser Vielzahl an Merkmalen

**Porträt eines erwachsenen Männchens: Auffällig sind die vergrößerten Schuppen in der Schnauzen- und Backen-Region.**
Foto: H. Werning

Vergleich des Körperbaus bei älteren erwachsenen Grünen Wasseragamen: Das Männchen (links) mit höherem Nacken-, Rücken- und Schwanzkamm, das Weibchen (rechts) ohne; der Kopf des Männchens ist massiger, die Backen wirken geschwollen; das Männchen zeigt Anflüge von Orangetönen an den Flanken und von Rosatönen im Schnauzenbereich.
Fotos: H. Werning

Die Streifenzeichnung verblasst mit zunehmendem Alter, ist bei den Weibchen aber oft noch gut zu erkennen. Foto: H. Werning

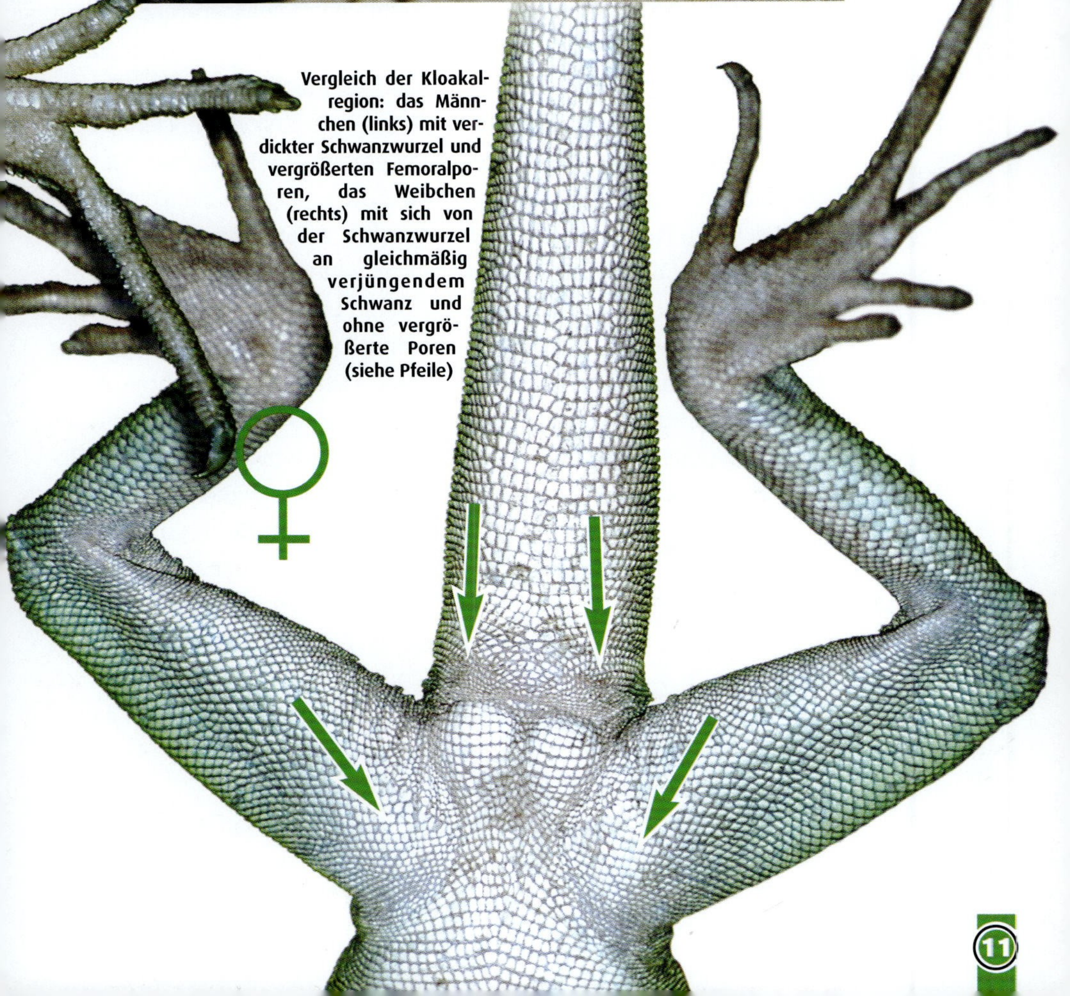

Vergleich der Kloakalregion: das Männchen (links) mit verdickter Schwanzwurzel und vergrößerten Femoralporen, das Weibchen (rechts) mit sich von der Schwanzwurzel an gleichmäßig verjüngendem Schwanz und ohne vergrößerte Poren (siehe Pfeile)

ist die Geschlechtsunterscheidung leider oft nicht einfach. Ursache hierfür ist die große individuelle Schwankungsbreite. Generell gilt: Bei Jungtieren ist noch gar keine äußerliche Geschlechtsbestimmung möglich, bei jugendlichen (etwa ab dem vierten Monat) oder gerade erwachsenen Tieren (Alter von 6–12 Monaten) ist sie sehr spekulativ. Dominante Männchen können gewöhnlich nach einem halben Jahr sicher erkannt werden, weil sie die oben genannten Merkmale

## Verbreitung und Lebensraum

DIE Grüne Wasseragame ist ein Bewohner der monsungeprägten südostasiatischen Regenwälder. Das Verbreitungsgebiet erstreckt sich von Nord-Thailand im Süden und Myanmar im Westen über Kambodscha, Laos und Vietnam bis zum Pazifik. Im Norden dringt die Art bis in die subtropischen Regenwälder Südchinas vor. Im Gegensatz zu vielen anderen Waldbewohnern reagiert sie nicht besonders empfindlich auf Veränderungen ihres Lebensraums durch menschliche Aktivitäten, sie kommt also auch durchaus in der Nähe von Siedlungen und auf genutzten Flächen vor, solange diese noch die typischen Habitate aufweisen.

**WUSSTEN SIE SCHON?**
Die Region, die einen Großteil des Verbreitungsgebietes der Grünen Wasseragame einnimmt, wurde früher Hinterindien genannt. Daher rührt auch der in älterer Literatur gelegentlich auftretende Name „Hinterindische Wasseragame".

*Physignathus cocincinus* ist in der Nähe von Gewässern anzutreffen. Dies können Flüsse und Bäche sein, aber z. B. auch kleine Teiche. Gerne halten sich die Tiere in der Vegetation direkt an den Gewässerufern auf, damit sie sich bei Gefahr mit einem Sprung ins Wasser in Sicherheit bringen können. Diese Agame ist ein typischer Baumbewohner, der Großteil ihres Lebens spielt sich auf waagrechten Ästen von Bäumen ab. Bei großer Hitze suchen die Echsen schattigere Bereiche auf oder ziehen sich tiefer in den Wald zurück. Nahrung wird auch auf dem Boden gejagt. Zum Schlafen bevorzugen sie relativ kleine, äußere Äste, damit sie Beutegreifer wie Schlangen, die sich nachts anpirschen, sozusagen durch Vibrationsalarm frühzeitig bemerken.

Grüne Wasseragamen sind exzellente Schwimmer und können auch

deutlich zur Schau tragen, unterdrückte Männchen oder solche, bei denen sich diese Geschlechtsmerkmale ohnehin nicht so stark ausbilden, sind in diesem Alter aber noch nicht zweifelsfrei zu erkennen und werden oft mit Weibchen verwechselt. Vorsicht also, wenn Ihnen halbwüchsige Tiere als Pärchen angeboten werden! Selbst erfahrene Züchter können hier keine seriösen Garantien geben, Geschlechtsangaben bleiben somit im Bereich der Spekulation.

gut tauchen. Bei Gefahr tauchen sie ganz unter und verbergen sich am Gewässergrund oder schwimmen unter Wasser fort.

Die Tiere sind territorial, vor allem Männchen bewachen ihr Revier aufmerksam und dulden keine Geschlechtsgenossen darin. Diese Agamen sind typische opportunistische Lauerjäger, die alles erbeuten, was sie überwältigen können und was in ihr Gesichtsfeld gerät. Mit zunehmendem Alter fressen sie auch einen größeren Anteil pflanzlicher Kost. Welchen Stellenwert diese pflanzliche Ernährung in der Natur einnimmt, ist noch ungeklärt. Eine einzelne Untersuchung (Ziegler 2002) ergab einen überraschend hohen Anteil, jedoch fehlen weitere Daten. Das tierische Nahrungsspektrum umfasst Insekten, Spinnentiere, Würmer, Fische, Krebstiere, kleine Säuger, Vögel und Reptilien.

**Typisches Habitat der Grünen Wasseragame in Thailand** Foto: J. Fritzsche

## Überlegungen vor der Anschaffung

GRÜNE Wasseragamen sind geradezu ideale Terrarientiere. Allerdings stellen sie wie jedes Tier Ansprüche, die der Halter erfüllen muss. Hier sollte sich zunächst jeder einige grundsätzliche Fragen stellen, die im Grunde aber jede Tierhaltung betreffen und hier deshalb nur kurz angesprochen werden sollen:

### *Verfüge ich über das notwendige Wissen zur Haltung dieser Art?*

Grundsätzlich verlangen das Tierschutzgesetz ebenso wie der gesunde Menschenverstand, dass man fachkundig sein muss, um ein Tier zu halten. Man muss also wissen, welche Ansprüche es stellt, um diese dann erfüllen zu können. Der Pfleger hat sich dabei nach

**Über den hohen Platzbedarf der Grünen Wasseragame muss man sich vor der Anschaffung im Klaren sein!** Foto: H. Werning

**Es muss Ihnen klar sein, dass die notwendigen Voraussetzungen zur Haltung von Wasseragamen nur mit technischen Hilfsmitteln zu schaffen sind.** Foto: H. Werning

dem Tier zu richten, nicht umgekehrt! Mit der Lektüre dieses Buches erhalten Sie alle grundlegenden Informationen über die Grüne Wasseragame, die sie zur Haltung benötigen. Auch die nächsten Kapitel sollten Sie *vor dem Kauf* lesen. Später dann ist es sinnvoll, sich tiefergehend mit der Materie zu beschäftigen, als der sehr begrenzte Raum dieses „Art für Art"-Bändchens es erlaubt. Hierzu empfehle ich mein umfassendes Buch über Wasseragamen (Werning 2002), das alle Aspekte zu diesen Tieren behandelt. Wer noch weiter einsteigen will, findet dort ein umfangreiches Literaturverzeichnis, anhand dessen er sich auch speziellen Thematiken zuwenden kann.

Wer neu in der Terraristik ist, sollte sich zudem intensiver mit den Grundlagen dieses Hobbys beschäftigen. Hier sei auf die umfangreiche allgemeine Terraristik-Literatur verwiesen (eine Auswahl finden Sie im Kapitel „Verwendete und weiterführende Literatur), außerdem sollten Sie sich über Zeitschriften und Vereine fortbilden und den Kontakt zu anderen Hal-

**Auch wenn die jungen Wasseragamen noch so entzückend sind: Man muss immer bedenken, dass die Tiere schnell sehr groß werden und lange leben.** Foto: H. Werning

tern suchen (siehe Kapitel „Weitere Informationen"). Eine sehr sinnvolle Einrichtung ist der Sachkundenachweis, den Tierhalterverbände erarbeitet haben. Ähnlich z. B. dem Angelschein legt man hier eine Prüfung ab und erhält darüber eine Bescheinigung. Ein solcher Sachkundenachweis ist zwar noch nicht vorgeschrieben, jedoch wird er sich sicherlich weiter durchsetzen und eines Tages vielleicht auch gesetzlich verlangt werden. Informationen erhalten Sie über die DGHT (siehe „Weitere Informationen").

## Kann ich die räumlichen Voraussetzungen bieten?

Die wohl wichtigste Frage bei der Haltung der Grünen Wasseragame ist die nach dem Platz. Alle anderen Haltungsansprüche sind recht einfach zu erfüllen, aber den nötigen Raum für ein Terrarium muss man von Anfang an einplanen, auch wenn man sich zunächst Babys kauft. Lesen Sie deshalb aufmerksam das Kapitel „Das Terrarium".

## Ist mein Umfeld mit der Haltung einverstanden?

Zumindest Ihre Mitbewohner müssen sich mit dem Gedanken arrangieren, die Wohnung mit Ihren Echsen zu teilen. Schlimme Beeinträchtigungen sind zwar nicht zu befürchten, Aversionen gegen die Reptilien (oder ihren Platzbedarf und die Futtervorlieben) sollten aber nicht bestehen. Die Haltung von Kleintieren, und hierzu sind Grüne Wasseragamen trotz ihrer Größe zu zählen, kann vom Vermieter grundsätzlich nicht untersagt werden, selbst wenn im Mietvertrag ein Tierhaltungsverbot besteht; dieses ist für Kleintiere unwirksam, solange keine objektiven Beeinträchtigungen (entkommene Futtertiere!) auftreten. Es ist aber sicher besser, wenn alle Personen des Umfeldes mit der Haltung einverstanden sind.

## Bin ich mir über die Folgen der Anschaffung im Klaren?

Wasseragamen können sehr alt werden; normalerweise erreichen sie im Terrarium ein Alter von über 15 Jahren, in Extremfällen auch bis an die 25 Jahre. Da Sie nicht damit rechnen dürfen, große alte Tiere später einfach so abgeben zu können – zumindest keine Männchen –, müssen Sie bereit sein, die Tiere über diesen beträchtlichen Zeitraum zu pflegen. Das kostet über den Anschaffungspreis für Tiere und Terrarium weit hinausgehend Geld; Strom und Futter summieren sich im Lauf der Zeit ganz ordentlich. Außerdem muss im Urlaubs- oder Krankheitsfall eine einigermaßen fachkundige Vertretung zur Verfügung stehen. Dazu ist es am besten, über einen Verein Kontakte zu anderen Terrarianern zu finden.

## Muss ich gesetzliche Vorschriften beachten?

Außer dem Tierschutzgesetz, das eine artgerechte Unterbringung und Pflege verlangt, gibt es keine gesetzlichen Regelungen zu beachten. Grüne Wasseragamen sind weder bedroht noch artgeschützt und erst recht nicht gefährlich. Regelungen aus den Bereichen Artenschutz und Gefahrenabwehr kommen also nicht zur Anwendung.

**Wasseragamen unterliegen keinen gesetzlichen Beschränkungen.** Foto: H. Werning

# Das Terrarium

WIE bereits angedeutet, ist die Schlüsselfrage bei der Haltung von Grünen Wasseragamen die nach dem Platzbedarf. Jungtiere sollten zunächst noch in kleineren Terrarien aufgezogen werden, spätestens als halbwüchsige Tiere dann aber in ihr endgültiges Terrarium umziehen. Es ist vorteilhaft, wenn die Wasseragamen möglichst selten ihr Terrarium wechseln müssen. Das berüchtigte Scheibenspringen, auf das ich später noch näher eingehe, kann die Folge eines Umzugs sein.

Die Frage nach der richtigen Terrariengröße ist die wahrscheinlich am häufigsten gestellte und auch die, bei der wohl die leidenschaftlichsten unterschiedlichen Meinungen aufeinander treffen. Daher einige grundsätzliche Überlegungen zum Thema: Fast jede Haltung von Wildtieren ist im Vergleich zur freien Natur mit einer Einschränkung des Platzangebotes verbunden. Auch wenn Grüne Wasseragamen eher standorttreue Echsen sind, gilt das auch für sie. Kein Terrarium ist so groß, dass es das Territorium, das die Agamen in der Natur beanspruchen, eins zu eins ersetzt. Das ist aber auch gar nicht nötig. Denn die Größe des Territoriums ist in der Natur vor allem von den darin befindlichen Ressourcen abhängig, also von Nahrungsangebot, Wasser, Geschlechtspartnern, Eiablagemöglichkeiten, unterschiedlichen Temperaturbereichen etc. Es zeigt sich bei standorttreuen Echsen, dass gerade die kräftigsten, dominantesten Tiere die kleinsten Reviere bewohnen und die geringste Bewegungsaktivität zeigen. Das liegt daran, dass sie die besten Plätze ergattert haben, wo alles nah beieinander liegt. Je schwächer ein Tier ist, desto ungünstigere Reviere muss es beziehen. Große Territorien sind also kein Ausdruck von Freiheit, sondern eher von Mangel. Im Terrarium können wir den Wasseragamen alle Ansprüche auf vergleichsweise kleinstem Raum erfüllen. Daher sind die Tiere auch gut in – im Vergleich zur Größe der Territorien in der Natur – relativ kleinen Terrarien zu pflegen.

Bei so großen Echsen wie Grünen Wasseragamen ist allerdings selbst dieser vergleichsweise geringe Platzbedarf noch beachtlich. Denn zu den Ansprüchen der Tiere gehören eben unterschiedliche Temperaturzonen, eine Badegelegenheit, Kletteräste, die springend verlas-

**Großterrarium für Grüne Wasseragamen** Foto: H. Werning

sen werden, etc. Sperrt man die Tiere in zu kleine Terrarien, sind gerade bei der Haltung Grüner Wasseragamen Folgeschäden unvermeidlich.

Wie groß also muss ein Terrarium für Grüne Wasseragamen sein? Wie schon angedeutet, stoßen hier sehr unterschiedliche Auffassungen aufeinander. Ein zunehmender Teil der Wasseragamenhalter neigt dazu, ihre Pfleglinge sehr emotional zu betrachten. Aus dieser Richtung werden oftmals sehr hohe Anforderungen an die Terrariengröße gestellt, unter Verweis darauf, die Tiere könnten sich sonst nicht recht „entfalten". Die Verfechter dieser Haltung treten dann gerade im Schutz des anonymen Internets oft recht aggressiv und wenig differenzierend auf, was viele Ratsuchende verunsichert. Man sollte sich aber darüber im Klaren sein, dass es bei derartigen Fragen keine Wahrheit gibt. Man kann nur versuchen, durch möglichst objektive Kriterien zu einer Einschätzung zu gelangen. Ein Terrarium ist demnach als ausreichend groß anzusehen, wenn die Tiere darin ein hohes Lebensalter ohne erkennbare Schäden oder Beeinträchtigungen erlangen und sich dort langfristig fortpflanzen. Hierfür liegen genug Erfahrungswerte vor, weshalb als sinnvolle Terrariengröße für ein Pärchen der Grünen Wasseragame 200 x 100 x 150 cm (Länge x Tiefe x Höhe) angesetzt werden können. Es sei nicht verschwiegen, dass auch in deutlich kleineren Terrarien die Tiere problemlos gehalten werden *können,* jedoch ist das Risiko von Problemen dann erhöht. Die im Gutachten „Mindestanforderungen an die Haltung von Reptilien" – 1997 herausgegeben vom Referat Tierschutz des Bundesministeriums für Ernährung, Landwirtschaft und Forsten – genannten Mindestmaße erfüllen allerdings nicht die oben aufgestellte Forderung und werden hier deshalb nicht aufgeführt. Die Vertreter großzügigerer Haltungsbedingungen fordern im Regelfall eine Höhe von 200 cm, oft auch eine Tiefe von 150 cm. Woher diese Grenzziehung kommt, bleibt dabei im Dunkeln – offenbar deckt sie sich oft mit den eigenen räumlichen Möglichkeiten…

Zweifellos gilt: Für erwachsene Wasseragamen kann das Terrarium so groß wie möglich ausfallen.

**Diese Wasseragame hat sich im Habitat zum Sonnenbad auf einen Ast gelegt. Im Terrarium ermöglicht man dieses Verhalten durch den Einsatz von Spotstrahlern.** Foto: I. Fritzsche

Große Becken bieten attraktivere Gestaltungsmöglichkeiten und können leichter zu einer wirklichen Augenweide gestaltet werden, während kleinere Terrarien eher dem Gedanken einer erfolgsorientierten, pragmatischen Tierhaltung entsprechen.

Bei allem darf aber nicht der Fehler gemacht werden, junge Wasseragamen bereits in großen Terrarien zu pflegen. Abgesehen davon, dass aus rein praktischen Erwägungen die Aufzucht in kleinen Becken viel einfacher und damit risikoloser ist, neigen in großen Terrarien aufwachsende Wasseragamen auch zu größerer Scheu, was wiederum in Problemen wie versteckterer Lebensweise, größerer Stressanfälligkeit und Scheibenspringen resultieren kann.

Bauweise und Konstruktion des Terrariums sind nebensächlich. Hier sind alle gängigen Typen möglich. Bei der erforderlichen Größe haben sich Holzterrarien als besonders praktikabel und bezahlbar erwiesen. Wie man selbst aus preiswerten furnierten Sperrholzplatten ein großes Wasseragamenterrarium baut, beschreibe ich ausführlich in meinem großen Wasseragamen-Buch (WERNING 2002). Hierbei ist besonders auf eine sehr genaue Verarbeitung der Fugen zu achten, die mit Silikon absolut dicht gegen Eindringen von Feuchtigkeit imprägniert werden müssen. Zur Verbesserung der Feuchtigkeitsresistenz kann zudem Teichfolie eingebracht werden. Solche Sperrholzterrarien können bei guter Verarbeitung trotz der hohen Feuchtigkeit im Wasseragamenterrarium 10–15 Jahre halten.

Teurer, aber haltbarer sind so genannte Multiplex- oder Siebdruckplatten. Der Standard in der Terraristik sind eigentlich Vollglasterrarien, die bei so beachtlichen Beckenmaßen aber teuer und schwer zu realisieren sind. Natürlich sind auch Sonderformen denkbar, wie der Umbau ganzer Zimmer oder das Mauern von Großterrarien. Wer nicht selbst bauen mag, muss bei Großterrarien, wie sie für Wasseragamen erforderlich sind, einen Terrarienbauer beauftragen (Adressen findet man z. B. in der REPTILIA).

> **DER PRAXISTIPP**
> Für die Haltung eines Pärchens der Grünen Wasseragame empfehle ich ein Terrarium von 200 x 100 x 150 cm (Länge x Tiefe x Höhe) oder mehr.
> Jungtiere sollten in den ersten Monaten in Gruppen von bis zu fünf Tieren in Terrarien der Maße 80 x 50 x 80 cm aufgezogen werden, bevor sie in das endgültige Terrarium umziehen.

Als Aufzuchtterrarien empfehle ich handelsübliche Vollglasterrarien, die man recht preiswert im Zoohandel erwerben kann.

# Terrarientechnik

ALS Bewohner des tropischen Regenwaldes stellen Grüne Wasseragamen im Gegensatz z. B. zu Wüstenechsen keine schwer zu erfüllenden Anforderungen an die Terrarientechnik. Licht und Strahlungswärme, die bei vielen sonnenliebenden Echsen die wichtigsten Faktoren bei der Haltung darstellen, sind bei Wasseragamen von untergeordneter Bedeutung. Die Wärme kann als „Raumwärme" zur Verfügung gestellt werden, nur zum Aufwärmen ist ein „Sonnenplatz" einzurichten.

> **DER PRAXISTIPP**
> Eine sehr feine Sache ist die Installation einer Nebel- und/oder Beregnungsanlage. Diese sind inzwischen problemlos im Zoohandel für den Terraristikeinsatz erhältlich, man kann sie aber auch aus Beregnungssystemen für den Garten selbst bauen. Neben der Arbeitserleichterung und der einstellbaren optimalen Feuchtigkeitsversorgung des Terrariums können solche Anlagen bei Schauterrarien auch den optischen Reiz erheblich steigern. Lassen Sie sich im spezialisierten Zoohandel über die verschiedenen Möglichkeiten beraten.

Zur Beleuchtung steht eine breite Palette an Lampentypen zur Verfügung. Am geeignetsten für die Grundausleuchtung sind HQI-Lampen. Ein Wasseragamen-Terrarium der empfohlenen Größe kann man sehr gut mit einem 150-W-HQI-Strahler „grundbeleuchten". Wahlweise kann man auch HQL-Lampen oder einfache Leuchtstofflampen verwenden. Bei Letzteren sollten es dann 3–4 Lampen sein.

Zusätzlich schafft man 1–2 Sonnenplätze im Terrarium. Diese richtet man durch „normale" Spotstrahler (z. B. 100-W-Halogenspot) oder besser noch durch UV-Licht abstrahlende Spotstrahler à 100 oder 160 W (z. B. „Active UV-Heat", „Powersun") ein. Diese Spotstrahler sollten auf einen horizontalen Liegeast und eine Stelle auf dem Boden leuchten und dort für Lokaltemperaturen von ca. 40 °C sorgen. Die Wasseragamen nutzen diese Stellen zum Aufwärmen, wenn sie auch keine so ausgiebigen Sonnenbäder nehmen wie heliophile (= sonnenliebende) Echsen. Dennoch sollten diese Sonnenplätze durch Spotstrahler eingerichtet werden, nicht durch Heizkabel, -matten oder -steine, denn beim Sonnen sind die Agamen auf die Koppelung von Licht- und Wärmestrahlung angepasst.

Eine UV-Bestrahlung wirkt sich vor allem bei der Aufzucht der Jungen positiv aus und verringert die Gefahr von Knochenstoffwechsel-Erkrankungen, ist bei der Haltung von Wasseragamen aber erwiesenermaßen nicht zwingend nötig.

Nachzuchten gelangen bis in die $F_3$-Generation ohne jeden Einsatz von UV-Strahlung, ohne dass irgendwelche nachteiligen Veränderungen an den Tieren zu beobachten wären, und auch im direkten Testvergleich bei der Australischen Wasseragame waren keine Unterschiede bei der Haltung mit und ohne UV-Strahlung zu bemerken (siehe hierzu WERNING 2002).

Je nach Standort, Größe und Ausstattung des Terrariums kann die Beleuchtung bereits ausreichen, um die benötigten Terrarientemperaturen von tagsüber 25–32 °C zu erreichen. Dabei ist es wichtig, dass im Terrarium unterschiedliche Temperaturbereiche bestehen und dass vor allem nicht gleichmäßig und dauerhaft im gesamten Becken der Höchstwert von 32 °C herrscht. Falls die Beleuchtung zum Erreichen der benötigten Temperaturen nicht ausreicht, kann man zur Erhöhung der Grundtemperatur problemlos auf Heizkabel oder -matten zurückgreifen, bei Großterrarien natürlich auch auf andere Heizungssysteme.

Die Beleuchtung bleibt 12–14 Stunden täglich in Betrieb. Nachts lässt man durch Ausschalten von Beleuchtung und Heizung die Werte auf Zimmertemperaturen von 18–22 °C fallen.

Zur technischen Ausstattung gehören außerdem eine Zeitschaltuhr, um einen regelmäßigen Rhythmus der Beleuchtung zu gewährleisten, sowie Messgeräte, um die Bedingungen im Terrarium kontrollieren zu können (Thermometer, Hygrometer).

**Leuchtstofflampen-Angebot im Zoohandel für den Einsatz in der Terraristik. Spezielle UV-abgebende Röhren lohnen sich nur in Aufzuchtterrarien.** Foto: H. Werning

## Terrarieneinrichtung

AUCH bezüglich der Terrarieneinrichtung sind Grüne Wasseragamen nicht anspruchsvoll, doch sind der eigenen Kreativität keine Grenzen gesetzt.

Die beiden wichtigsten Einrichtungsbestandteile sind Kletteräste und das Wasserbecken, das mindestens groß genug sein muss, dass die Tiere ganz hineinpassen und vollständig darin untertauchen können. Es kann aber auch bis zu zwei Drittel der Bodenfläche einnehmen. Hier ist jede Lösung denkbar und praktikabel. Am attraktivsten sind natürlich Paludarien, also Terrarien mit eingebautem Aquarium. Bei verglaster Front kann man hier die Agamen sogar beim Baden und Tauchen aus der Unterwasserperspektive beobachten. Da die Tiere ihren Kot hauptsächlich ins Wasser abgeben, ist allerdings auf eine gute Filterung zu achten. Hierzu kann man auf die entsprechenden Errungenschaften der Aquaristik zurückgreifen. Trotzdem wird sich ein häufigerer Wasserwechsel oft nicht vermeiden lassen. Pragmatischer, aber für die Tiere genauso gut geeignet sind große Plastikwannen oder auch Katzenklos; so umstritten diese bei den „Emotionalisierern“ auch sind, in der professionellen Tierhaltung sind sie be-

**DER PRAXISTIPP**

Rück- und Seitenwände kann man so gestalten, dass sie für die Wasseragamen als zusätzliche Bewegungsfläche nutzbar sind. Zwar sind die Tiere zu schwer, um an senkrechten Flächen laufen zu können, größere „Felsvorsprünge“ oder „Korktableaus“ werden von ihnen aber gerne als Liegefläche genutzt. Wer es besonders dekorativ mag, kann auch einen Wasserfall oder einen Bachlauf installieren, der an einer Stelle der Rückwand austritt und dann durch das Terrarium plätschert. Bauanleitungen zu Wasserfällen und verschiedenen Rückwandtypen finden Sie z. B. bei SCHWARZ & SCHWARZ (2001) sowie WILMS (2004).

**Solche Steine mit eingebauten „Mini-Wasserquellen“ lassen sich sehr gut in ein Wasseragamen-Terrarium integrieren.** Foto: H. Werning

**Ein üppig bepflanztes Terrarium erweckt den Eindruck eines Miniatur-Dschungels und bietet den Wasseragamen ein Sicherheitsgefühl.** Foto: H. Werning

währt und aus hygienischen Erwägungen sogar zu bevorzugen. Wasserwechsel und Komplettsäuberung sind dann leicht möglich. Die Frage nach dem Typ des richtigen Wasserbeckens wird in der Privathaltung lediglich durch den eigenen Geschmack und die eigene Zielvorstellung beeinflusst, für die Tiere ist sie kaum von Belang.

Das zweite wesentliche Element im Wasseragamenterrarium sind die Kletteräste. Es müssen genug mehr oder weniger horizontale Liegeflächen für die Tiere zur Verfügung stehen. Der „ideale Ast" hat etwa denselben Umfang wie die Wasseragame. Senkrechte Äste werden zum Auf- und Abstieg genutzt, gelegentlich sitzen die Agamen auch eine Weile an ihnen. Auf horizontale Ast-Abschnitte

**In diesem Terrarium sind an der Rückwand kleine „Plateaus" angebracht, die dem Aufstellen von Pflanzen dienen, aber auch von den Wasseragamen als Liegeflächen genutzt werden.**
Foto: H. Werning

und Feuchtigkeit dann nur schwer wieder anzunehmen. Vorherige „Desinfektionsorgien" mit Abbacken des Substrates sind übrigens völlig unnötig – eine normale Mikrofauna im Boden schädigt die Agamen nicht, im Gegenteil, sie kann durch Abbauprozesse sogar für ein gesünderes und weniger pflegeaufwändiges „Mikro-Ökosystem" sorgen. Gut geeignet sind auch Ko-

darf aber keinesfalls verzichtet werden. Darauf verbringen die Echsen den größten Teil des Tages und schlafen hier auch meistens. Es ist empfehlenswert, einen Sonnenplatz auf einem solchen horizontalen Ast einzurichten. Es sollten mindestens so viele horizontale Astabschnitte zur Verfügung stehen, wie Tiere im Terrarium leben. Als Bodengrund steht eine Vielzahl verschiedener Substrate zur Verfügung. Am einfachsten und preiswertesten ist die Verwendung von Blumen- oder Gartenerde. Je nach Bodentyp hat diese allerdings den Nachteil, schnell auszutrocknen

kos-Schnipsel, die zu Blöcken gepresst als Terrariensubstrat im Handel erhältlich sind. Diese werden in Wasser gelegt, wo sie auf ein Vielfaches ihres Trockenvolumens anschwellen. Das entstehende Substrat ist dekorativ und hält Feuchtigkeit sehr gut. Wenn es von den Agamen versehentlich verschluckt wird, bereitet es keine Probleme. Da man Letzteres von Holzspänen nicht sicher weiß, sollte man auf dieses Material lieber verzichten. Auch Sand und Kies können sinnvoll in einem Wasseragamenterrarium eingesetzt werden; Kies allerdings nicht ausschließlich, da er aufgrund seiner Grobporigkeit kaum Feuchtigkeit hält und außerdem für trächtige Weibchen nicht grabfähig ist.

Die Rückwand sowie die Seitenwände sollten – wenn es sich nicht gerade um von zwei Seiten einsehbare Schauterrarien im Wohnzimmer handelt – verkleidet werden. Hierzu kann man Korkplatten mit Silikon oder Korkkleber auf die Scheiben kleben (bei der hohen Feuchtigkeit empiehlt sich die Verwendung des teuren, aber deutlich stabileren Dachdeckerkorks), Fotorückwände anbringen (Geschmackssache…) oder die Wände aufwändig gestalten.

Ein Wasseragamenterrarium kann als Regenwaldbecken natürlich üppig und ganz nach Geschmack bepflanzt werden. Allerdings darf man von den Agamen keine allzu große Rücksichtnahme dem Bewuchs gegenüber erwarten. Die scharfen Krallen der Tiere zerkratzen Blätter schnell und lassen Pflanzenfreunden das Herz bluten. Empfindlichere Pflanzen sollten daher außerhalb der Reichweite der Tiere angebracht werden, z. B. in Form von Epiphytenästen (siehe hierzu z. B. Schwarz & Schwarz 2001). Auf Giftpflanzen muss verzichtet werden, da die Agamen durchaus auch pflanzliche Bestandteile fressen können. Die Terrarienbepflanzung kann sich übrigens ganz nach dem Geschmack des Halters richten; ebenso gut können auch Kunstpflanzen Verwendung finden.

**Ein Wasserteil ist unerlässlich. Ob es sich dabei allerdings um einfache, ausreichend dimensionierte Plastikschüsseln oder um eingebaute Aquarien handelt, ist den Tieren gleich.**
Foto: H. Werning

## Sozialstruktur und Vergesellschaftung

GERADE Anfänger träumen häufig von üppig besetzten „Gesellschaftsterrarien", in der die Wasseragamengruppe friedlich im prachtvollen Regenwald-Schaupaludarium mit Geckos, Fröschen und Fischen oder gar noch anderen Großechsen, wie Basilisken, zusammenlebt. Solche Vorstellungen sind zwar nicht vollkommen abwegig, im Normalfall aber unpraktikabel.

**DER PRAXISTIPP**
Will man ein Tier in eine schon bestehende Gruppe eingliedern oder ein Weibchen zu einem Männchen setzen, kommt es häufig zu Aggressionen der eingesessenen Tiere gegenüber den Neuzugängen, selbst bei Pärchen. In diesem Fall kann es nötig werden, alle Tiere herauszufangen, für 2-3 Tage getrennt in Leinensäckchen an einem geschützten Ort zu deponieren und die Einrichtung des Terrariums in der Zwischenzeit komplett umzugestalten. Nun kommen alle Tiere in ein quasi neues Revier, sodass der „Heimvorteil" für den Altbestand entfällt. Allerdings sind die grundsätzlichen Probleme beim Umzug von Wasseragamen dagegen abzuwägen.

Da ist zunächst die Wasseragamengruppe. Dass zwei geschlechtsreife Männchen nicht gemeinsam gepflegt werden können, ist den meisten Haltern noch klar. Männchen leben, wie oben erwähnt, territorial, Geschlechtsgenossen dulden sie nicht in ihrem Revier. Zwar gibt es Berichte über Ausnahmen, jedoch sollte man darauf auf keinen Fall vertrauen, und selbst wenn es eine Zeit lang gut geht, kann es doch plötzlich zu heftigen Beschädigungskämpfen kommen, die durchaus tötlich enden können – Wasseragamen sind nicht zimperlich bei ihren Ausein-

andersetzungen. Also: nur ein Männchen pro Terrarium, gleichgültig wie groß dieses ist. Häufig wird geraten, mehrere Weibchen gemeinsam zu pflegen. Das kann funktionieren, muss es aber keineswegs. Auch die Weibchen können nämlich untereinander sehr unverträglich sein, auch sie können sich böse Beschädigungskämpfe liefern. Möchte man mehrere Weibchen zusammen halten, sollte man diese bereits als Gruppe von halbwüchsigen Tieren zusammenstellen, denn spätere Vergesellschaftungen sind oft schwieriger. Außerdem benötigt man auf jeden Fall ein Ausweichterrarium, um die Tiere sofort separieren zu können, falls es zu heftigeren Streitigkeiten kommt. In großen Terrarien ist die Vergesellschaftung von einem Männchen mit mehreren Weibchen meistens möglich. Einige Weib-

**Am sichersten gelingt die paarweise Haltung Grüner Wasseragamen. Jungtiere können auch in Gruppen gehalten werden.** Foto: M. Schmidt

chen erweisen sich aber auch dann als vollkommen unverträglich. In kleineren Becken, wie bei der hier empfohlenen Mindestgröße, sollte man lieber nur ein Pärchen zusammen pflegen. Pärchen sind eigentlich immer untereinander verträglich, wenn es auch zwischen ihnen durchaus zu Auseinandersetzungen kommen kann.

**DER PRAXISTIPP**

Wasseragamen können auch problemlos einzeln gehalten werden. Hierfür eignen sich hervorragend die eindrucksvolleren Männchen, die in der Terrarienhaltung im Überschuss vorhanden sind. Wasseragamen sind keine sozialen Tiere, benötigen also nicht die Nähe von Artgenossen.

Das nachträgliche Einbringen von Einzeltieren zu Pärchen oder Gruppen ist fast immer problematisch. Jungtiere sind bis zum Erreichen der Geschlechtsreife untereinander verträglich und können gemeinsam aufgezogen werden. Es ist lediglich darauf zu achten, dass schwächere Tiere nicht zu kurz kommen und dann kümmern (siehe Kapitel „Aufzucht“).

Ist schon die Vergesellschaftung von Artgenossen problematisch, gilt dies erst recht für die gemeinsame Haltung verschiedener Arten. Auch diese Frage ist in den letzten Jahren unnötig ideologisiert worden. Es gibt wahre Fundamentalisten, die jede Form von Vergesellschaftung als schädlich

**Eine Vergesellschaftung wie z. B. mit Segelechsen (*Hydrosaurus*) ist nur in extrem großen Terrarien möglich und dem Anfänger generell nicht zu empfehlen.** Foto: H. Werning

für die Tiere ablehnen. Das ist – wie so viele solcher Extrempositionen – natürlich Unsinn. Richtig ist aber, dass die Vergesellschaftung verschiedener Arten oft auch unerwartete Probleme mit sich bringen und vor allem Anfängern in den meisten Fällen nicht empfohlen werden kann, zumindest nicht, wenn die Absicht besteht, beide Arten auch nachzuzüchten.

Schlangen scheiden ganz aus, weil Echsen furchtsam auf diese natürlichen Feinde reagieren. Schildkröten sind problematisch, weil sie häufig Überträger von Krankheitserregern sind, die ihnen zwar nicht schaden, wohl aber Echsen. Andere Echsen müssen recht groß sein, da kleinere Tiere von den Wasseragamen als Beute betrachtet würden. Außerdem sind Wasseragamen sehr robuste Tiere, durch die empfindsamere Arten sich schnell unterdrückt fühlen können. „Klassische" Vergesellschaftungen sind solche mit den ähnlichen Basilisken, Segelechsen und Grünen Leguanen. In allen Fällen braucht man riesige Terrarien, die für die Privathaltung praktisch kaum realisierbar sind. Männliche Grüne Leguane reagieren während der Paarungszeit oftmals extrem aggressiv auf potenzielle Konkurrenten, selbst auf ihren Pfleger. Deshalb würde ich hier von einer Vergesellschaftung grundsätzlich abraten. Gemeinsame Haltungen mit Basilisken wurden erfolgreich praktiziert, in anderen Fällen kam es aber auch zu tödlichen Auseinandersetzungen; auch davon würde ich daher abraten. Tokehs (*Gekko gecko*) wären zwar von Lebensraum, Größe und Aktivitätsmuster ideale „Partner" für Grüne Wasseragamen, jedoch wäre eine erfolgreiche Nachzucht dieser nachtaktiven Geckos dann erschwert, weil sie ihre Eier im Terrarium ankleben und Jungtiere von den Agamen erbeutet würden. Am ehesten kämen robuste Kröten in Frage. Fische, zumindest kleinere, können von den Wasseragamen gefressen werden.

Grundsätzlich rate ich gerade Anfängern von Vergesellschaftungsversuchen ab. Diese erfordern eine gute Beobachtungsgabe, viel Fachkenntnis und einige Erfahrung – und bleiben selbst dann oft problematisch.

**DER PRAXIS-TIPP**

Will man eine Wasseragamengruppe zusammen halten, ist die Wahrscheinlichkeit, dass die Tiere sich vertragen, am größten, wenn sie gemeinsam in das Terrarium „hineinwachsen". Man kauft am besten eine Gruppe halbwüchsiger Tiere, bei denen man die Geschlechter noch nicht sicher erkennen kann. Dann muss man die Agamen sehr genau beobachten. Überzählige Männchen müssen heraussortiert und einzeln gehalten oder abgegeben werden, unverträgliche Weibchen ebenfalls. Auf diese Weise ist die Chance am größten, eine dauerhaft harmonierende Gruppe zu erhalten.

# Ernährung

WIE oben schon erwähnt, sind Grüne Wasseragamen opportunistische Jäger, die alles überwältigen, was ihnen ins Blickfeld kommt. Das macht ihre Ernährung im Terrariums sehr einfach, vielleicht etwas zu einfach, denn es verlockt möglicherweise den einen oder anderen zu einer zu einseitigen oder gar falschen Fütterung.

Den Löwenanteil sollten verschiedene Insektenarten ausmachen. Der Terraristikhandel bietet inzwischen ein reichhaltiges Sortiment von Futtertieren in unterschiedlichster Größe an. Handelsüblich sind Zweifleck-, Steppen- und Kurzflügelgrillen, Heimchen, Wanderheuschrecken, verschiedene Schabenarten, *Zophobas* (Riesenholzkäfer-Larven), Mehlwürmer, „Wachsmaden" (= Raupen der Wachsmotte), Regenwürmer, Tebo-Raupen, Rosenkäferlarven – Grüne Wasseragamen fressen das alles. Große Tiere wird man vor allem mit *Zophobas*, Wanderheuschrecken, Schaben und großen Grillen füttern, die anderen Futtersorten gibt man als

**DER PRAXISTIPP**

Neben den handelsüblichen Futtertieren kann man Insekten auch selbst fangen: Maikäfer werden z. B. gern gefressen, ebenso große Nachtfalter. Achten Sie aber darauf, nicht versehentlich geschützte Arten zu erwischen; diese dürfen selbstredend nicht verfüttert werden. Für kleinere Agamen ist es auch sehr empfehlenswert, so genanntes Wiesenplankton zu verfüttern. Dieses fängt man auf unbelasteten Wiesen mit einem Kescher; die Mischung unterschiedlichster Arten macht Wiesenplankton zu einem echten „Kraftfutter", das gerade bei der Aufzucht der Jungtiere sehr nützlich ist.

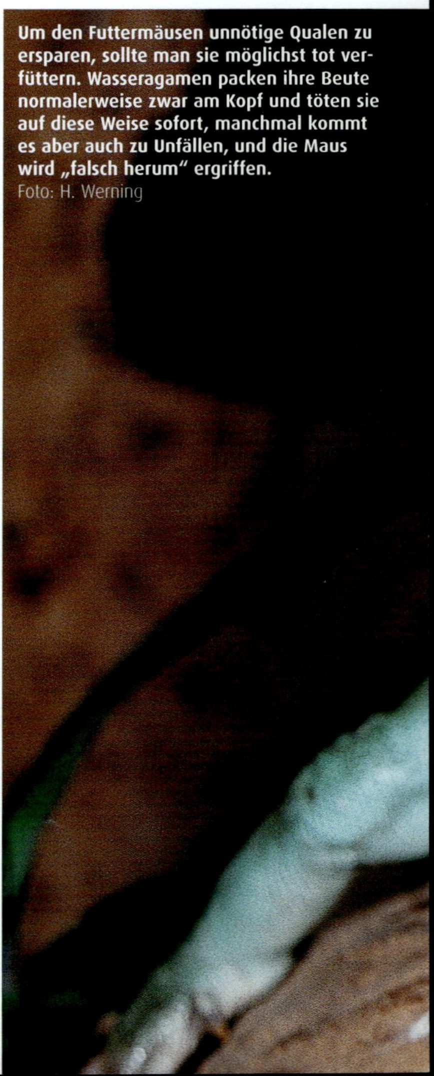

**Um den Futtermäusen unnötige Qualen zu ersparen, sollte man sie möglichst tot verfüttern. Wasseragamen packen ihre Beute normalerweise zwar am Kopf und töten sie auf diese Weise sofort, manchmal kommt es aber auch zu Unfällen, und die Maus wird „falsch herum" ergriffen.**
Foto: H. Werning

gelegentliche Ergänzung. Wichtig ist, dass das Futter nicht „direkt aus der Dose“ verfüttert wird. Vielmehr sollte man es (mit Ausnahme der Raupen und Würmer) nach dem Kauf in Plastikterrarien setzen, damit sich die Insekten 1–2 Tage ordentlich mit verschiedenen Obst- und Gemüsesorten sowie Trockenfutter (z. B. Hundeflocken) im wahrsten Sinne des Wortes vollfressen können. Auf diese Weise erhöht man den Nährwert der Beutetiere erheblich im Vergleich zu den „leeren Hüllen“, wie sie schon nach ein paar Tagen

ohne Frischfutter in ihren Verkaufsverpackungen sitzen. Außerdem gibt man (mit Ausnahme der Regenwürmer) alle wirbellosen Futtertiere vor dem Verfüttern in eine Dose, in die man zuvor ein Vitamin-Mineralstoff-Präparat gefüllt hat (z. B. „Korvimin ZVT + Reptil" vom Tierarzt oder andere Präparate aus dem Zoohandel), und schüttelt diese vorsichtig, bis die Mahlzeit schön weiß eingepudert ist. Überdosierungen von Vitaminen muss man bei dieser Vorgehensweise nicht befürchten. Flüssigvitaminpräparate sind dann andererseits nicht erforderlich.

Für erwachsene Wasseragamen sind Mäuse ein hervorragendes Ergänzungsfutter. Sie werden „mit Haut und Haaren" verspeist und weisen deshalb bereits ein ausgezeichnetes Kalzium-Phosphor-Verhältnis auf (das bei handelsübli-

**DER PRAXISTIPP**

Futtertiere kann man natürlich auch selbst züchten. Für den Terrarianer, der nur wenige Tiere oder gar nur ein Wasseragamen-Pärchen pflegt, lohnt der Aufwand eigentlich nicht, denn selbst bei eventuellen Lieferengpässen in der Zoohandlung sind erwachsene Wasseragamen ja auch problemlos alternativ mit Mäusen, Fleisch, Fisch und Obst zu ernähren. Wer jedoch einen größeren Tierbestand zu versorgen hat oder einen Schwung Jungtiere aufzieht, wird das Thema eventuell noch einmal überdenken. Hilfreich ist es dann, sich einen Zuchtstock mit zwei Futtertierarten aufzubauen, die die Grundversorgung bilden; dann muss man nur noch zur Ergänzung andere Futtertiere einkaufen. Zuchtanleitungen bieten die Bücher von BRUSE et al. (2003) sowie von FRIEDERICH & VOLLAND (2002), außerdem findet man sie in unregelmäßigen Abständen in der REPTILIA (z. B. Nr. 49, 5/2004).

Terraristik-Geschäfte halten verschiedene Futtertiere bereit. Diese darf man aber nicht direkt aus der „Heimchenbox" verfüttern, sondern sie müssen selbst erst noch ordentlich angefüttert werden. Foto: H. Werning

chen Futterinsekten sehr im Argen liegt – daher die Aufwertung mit dem Pulver). Man kann nestjunge Mäuse bis hin zu „Springern“ (Terrarianerslang für Jungmäuse, die schon befellt sind und die Augen geöffnet haben) an große Agamen verfüttern. Aus Mäuse-Tierschutzgründen sollte man „Springer“ nicht einfach lebend ins Terrarium geben, da die Gefahr besteht, dass die Agamen diese nicht sofort sicher packen, sondern sie beim Zuschnappen verletzen, dann aber wieder loslassen, oder sie gar von hinten packen, was für die Maus sehr grausam ist. Deswegen nimmt man besser gleich tote Mäuse oder hält sie lebend am Schwanz den Agamen vor, sodass diese mit einem gezielten Biss ihre Beute am Kopf packen und somit sofort töten können. Mäuse bekommt man tiefgefroren oder lebend im Zoohandel.

Auch Fleisch und Fisch werden von eingewöhnten Wasseragamen von der Pinzette genommen. Schieres Fleisch (z. B. Rinderherz) sollte aber nur sehr selten gereicht werden, ganze Fische dagegen sind gut geeignet. Gibt man lebende Fische in den Wasserteil des Aquariums, tun sich viele Wasseragamen allerdings sehr schwer mit dem Erbeuten oder ignorieren sie ganz. Besser bietet man sie daher in kleinen Schalen oder tot von der Pinzette an.

Ergänzend nehmen erwachsene Wasseragamen auch pflanzliche Nahrung an. Obwohl in der Natur auch das Fressen von Blättern nachgewiesen wurde, habe zumindest ich noch nie Wasseragamen gepflegt, die derartige Kost (z. B. Salate, Wildkräuter) akzeptiert hätten. Gerne nehmen einige Tiere jedoch Obst an (Banane, Beeren, Apfel u. a.), was man zur Nahrungsergänzung gut gelegentlich zufüttern kann.

Viele Halter neigen dazu, ihre Wasseragamen aus falsch verstandener Tierliebe zu überfüttern. Erwachsene Wasseragamen sollte man nur 1–3 Mal in der Woche füttern! Fastenperioden von 3–4 Wochen überstehen gesunde große Wasseragamen völlig problemlos, sie sind – gelegentlich – wohl sogar gesundheitsförderlich. Jungtiere werden häufiger gefüttert (siehe Kapitel „Aufzucht“).

**DER PRAXISTIPP**

Als Richtwert können erwachsene Wasseragamen wie folgt gefüttert werden: Ein- bis zweimal wöchentlich reicht man Futterinsekten bis zur Sättigung der Tiere, entsprechend der Masse etwa von zehn *Zophobas*-Larven oder 5-10 großen Grillen oder 3-5 großen Heuschrecken. Hinzu kommen ein- bis zweimal im Monat ein „Springer“ oder zwei nestjunge Mäuse. Wenn die Tiere pflanzliche Nahrung akzeptieren, kann man einmal wöchentlich etwas Obst anbieten.
Zur Fütterung von Jungtieren siehe Kapitel „Aufzucht“.

## Pflege

DER Pflegeaufwand ist bei Grünen Wasseragamen sehr gering. Er ist zudem mit entsprechender technischer Ausstattung des Terrariums noch weiter zu reduzieren. Ist dieses mit einer Beregnungsanlage und einem eingebauten Aquarium mit leistungsstarker Filterung ausgestattet, wird er geradezu minimiert.

Die wichtigste und schönste tägliche Pflegeaufgabe ist die Beobachtung der Tiere, damit man Unregelmäßigkeiten im Verhalten – z. B. Ausbrechen von Streitigkeiten, Trächtigkeit, aber auch Krankheiten – möglichst frühzeitig erkennt und entsprechend reagieren kann.

Da die Agamen ihren Kot meist ins Wasser abgeben, ist bei Bedarf ein Wasserwechsel vorzunehmen. Verwendet man als Wassergefäß eine Plastikwanne, nimmt man diese einfach heraus, reinigt sie und stellt sie mit frischem (lauwarmem) Wasser wieder ins Terrarium, bei eingebauten Aquarien mit Filterung variiert die Notwendigkeit von Wasserwechseln mit der Leistungsfähigkeit des Filtersystems.

Der Bodengrund sollte in größeren Bereichen stets feucht, aber nicht nass sein, an einigen Stellen (z. B. Sonnenplatz auf dem Boden) auch trocken. Gelegentlich wird durch einfaches Eingießen von Wasser nachgefeuchtet. Die Pflanzen müssen natürlich je nach Art unter-

## Erwerb

„DIESES Kapitel erst jetzt?“, mag mancher denken, aber das ist in diesem Büchlein, das sich vor allem an Einsteiger richtet, so gewollt: Sie haben nun ein bisschen über die Natur der Grünen Wasseragame erfahren und die Vorüberlegungen zur Haltung kennen gelernt, Sie haben gelesen, wie das Terrarium für die Tiere aussehen muss und wie Sie Ihre Agamen pflegen – Sie kennen also jetzt die Grundzüge der Terrarienhaltung dieser imposanten Echsen. Als Nächstes sollten Sie ein geeignetes Terrarium kaufen bzw. bauen und überprüfen, ob die gewünschten Temperatur- und Feuchtigkeitswerte unter „Echt-Bedingungen“ erreicht werden. Erst wenn all das geschehen ist, sollten Sie daran gehen, die

schiedlich häufig gewässert werden. Werden Kothaufen „an Land" abgesetzt, kann man diese nach Bedarf entfernen; ansonsten können sie aber auch, sofern sie nicht schimmeln, problemlos „von selbst" in den Bodengrund eingehen (vor allem, wenn eine lebendige Bodenfauna z. B. mit Springschwänzen und Weißen Asseln das Terrarium besiedelt). Ein Wechsel des Bodengrunds ist nur extrem selten – wenn überhaupt – nötig.

Die Einrichtung sollte mehrmals wöchentlich übersprüht werden. Dies kann, wie erwähnt, mittels einer Beregnungsanlage erfolgen, oder man geht „konventionell" vor und setzt Wasserzerstäuber aus der Blumenpflege ein. Angesichts der Größe eines Wasseragamenterrariums sollte man lieber auf Druckluftpumpen für den Gartenbedarf als auf die kleinen Handzerstäuber für die Fensterbank zurückgreifen.

Scheiben kann man nach Bedarf putzen – den Tieren ist es gleich, mir persönlich auch, aber wer einen ungetrübten Blick in seine Becken möchte, der muss bei den gerne planschenden Agamen schon öfter mal mit dem Fensterleder ran.

**DER PRAXISTIPP**

Die Luftfeuchtigkeit im Terrarium sollte tagsüber im „Normalzustand" 60-80 % betragen. Diese Werte stellen sich durch den feuchten Bodengrund und den Wasserteil von selbst ein. Allerdings soll die Luftfeuchtigkeit auch immer mal wieder deutlich ansteigen, was durch das Besprühen bzw. Beregnen erreicht wird. Nachts steigt sie von allein an.

Tiere auch wirklich zu kaufen.

Dieser Punkt stellt heute keinerlei Problem dar – leider, möchte man fast anfügen. Denn Babys der Grünen Wasseragame werden konstant in großer Zahl als Wildfänge einge-

Verkaufsanlage eines Terraristik-Geschäftes. Wasseragamen sind im Handel jederzeit erhältlich, gelegentlich auch als Nachzuchten. Foto: H. Werning

führt und für sehr günstige Preise verkauft; Babys der Grünen Wasseragame gehören inzwischen zu den preisgünstigsten Echsen überhaupt, nur wenige Euro entfernt vom „Futtergecko-Niveau". Da greift angesichts der bezaubernden Tierchen so mancher impulsiv zu, ohne zu ahnen, was da auf ihn zukommt. Ich hoffe, bei Ihnen ist das nun anders.

Sie können Ihre Wasseragamen über einen privaten Züchter oder über den Zoohandel kaufen. Beides ist sehr einfach. Grundsätzlich ist es immer besser, Nachzuchten zu erwerben. Kontakt zu Züchtern können Sie über Kleinanzeigen in der REPTILIA oder das Anzeigenjournal der DGHT (siehe „Weitere Informationen") finden. Auch auf den zahlreichen Terraristikbörsen, deren Termine Sie ebenfalls z. B. in der REPTILIA nachschlagen können, verkaufen immer wieder private Anbieter ihre Wasseragamen-Nachzuchten. Viele Zoogeschäfte verkaufen inzwischen ebenfalls etliche Tiere als Nachzuchten – ob das im Einzelfall dann tatsächlich stimmt, ist natürlich leider nicht nachprüfbar. Allerdings, abgesehen vom Tier- und Artenschutzaspekt, spricht auch nicht viel dagegen, Jungtiere aus Wildfängen zu erwerben. Die Tiere kommen hier meist in recht gutem Zustand an, da sie sehr robust sind. Selbst unerfahrene Halter haben normalerweise keine Mühe, solche Wildfangjungtiere einzugewöhnen.

Die erworbenen Tiere werden einzeln in kleine Plastikdosen, die mit etwas Küchenpapier ausgekleidet werden, oder Leinenbeutel verpackt. Zum Schutz vor extremen Klimata können Sie diese dann für den Heimtransport in eine Styropor- oder Iso-Box stellen.

**Etwa halbjährige Wasseragame in einem Verkaufsterrarium im Zoohandel. Dies ist das höchste „gute" Alter, um die Tiere zu erwerben. Ältere Tiere sollte man lieber nicht kaufen, schon gar nicht als Wildfänge!** Foto: H. Werning

**Achten Sie beim Kauf auf folgende Punkte:**

- Grüne Wasseragamen sollten tagsüber wach sein, auf Annäherung lebhaft reagieren und versuchen zu fliehen, wenn Sie ergriffen werden.
- Die Augen sollen klar und geöffnet sein.
- Die Schwanzwurzel muss prall, keinesfalls dürfen Beckenknochen zu sehen sein.
- Wenn sie wach sind, halten Jungtiere ihr Köpfchen immer aufmerksam nach oben, nie legen sie den Kopf auf den Boden oder stützen ihn auf Einrichtungsgegenständen ab.
- Auch in Händlerterrarien sollten die Kleinen fressen. Lassen Sie sich das vorführen.
- Die Schnauze sollte nicht ansatzweise verletzt oder aufgeschlagen sein.
- Die Kloake sollte nicht verschmiert sein.

**Achten Sie auch bei der Zoohandlung auf einige Punkte:**

- Zumindest eine Person im Geschäft sollte einen kompetenten Eindruck machen. Mit den Informationen aus diesem Buch können Sie schon etwas einschätzen, ob das Personal etwas von Reptilien versteht. Unterstützen Sie keine Anbieter, die ein paar Terrarien einfach mal nebenbei aufstellen, aber von der Materie keine Ahnung haben.
- Die Becken sollten nicht übermäßig verschmutzt sein.
- Es sollten möglichst keine Arten bunt zusammengewürfelt in einem Terrarium sitzen. Die Vorbehalte gegen Vergesellschaftungen gelten (bis auf wenige Ausnahmefälle) im Handel erst recht, denn die Gefahr der Verschleppung von Krankheiten ist beim „Zusammenmischen“ verschiedener Wildfänge natürlich besonders groß.

Von einem Versand würde ich bei so häufig angebotenen Tieren wie Grünen Wasseragamen abraten (mit der Deutschen Post AG ist er verboten – Sie benötigten einen spezialiserten Kurierdienst). Eigentlich sollte es leicht möglich sein, einen Züchter, eine Börse oder ein Terraristik-Geschäft in Ihrer Nähe zu finden (siehe z. B. Anzeigen in der REPTILIA), sodass Sie Ihre Tiere selbst abholen und vor dem Kauf genau in Augenschein nehmen können.

**DER PRAXISTIPP**

Sie sollten nur junge oder halbwüchsige Wasseragamen kaufen. Adulte Tiere, sofern es sich nicht um „zahme“ Abgaben aus Privathaltung handelt, gewöhnen sich nur sehr schlecht im Terrarium ein und sind auf jeden Fall für Anfänger ungeeignet. Sie sollten meines Erachtens überhaupt nicht importiert werden. Die Aufzucht kleiner Wasseragamen ist nicht weiter schwierig, sodass sie bedenkenlos auch junge Tiere nehmen können. Sie haben dann die Freude daran, die Tiere selbst großzuziehen, und können Sie so frühzeitig an die Terrarienbedingungen bei sich gewöhnen. Dann sind Probleme wie das Scheibenspringen und aufgeschlagene Schnauzen unwahrscheinlicher.

## Eingewöhnung und Quarantäne

NEUzugänge sollten grundsätzlich etwa zwei Monate lang in Quarantäne gehalten werden. Das bedeutet, die Tiere sollten nicht zu einem bereits eingelebten Bestand gesetzt, sondern zunächst separat in einem eigenen Terrarium gepflegt werden. Sollen die Tiere nicht zu anderen gesetzt werden, können sie natürlich auch gleich in ihr eigentliches Terrarium einziehen, dass dann aber nicht dekorativ, sondern nur auf Zweckmäßigkeit konzentriert eingerichtet sein sollte. Als Bodengrund wählt man Fließpapier, das schnell und effizient ausgetauscht werden kann; außerdem fällt es so leicht, frische Kotproben zu finden, die man zur Untersuchung auf eventuelle Krankheitserreger oder Parasiten einschicken kann (siehe „Weitere Informationen"). Gegebenenfalls bekommen Sie dann entsprechende Therapievorschläge. Falls nichts gefunden wird, senden Sie zur Sicherheit vier Wochen später eine zweite Kotprobe zur nochmaligen Kontrolle ein. Als Wasserbecken dient unter Quarantänebedingungen auf jeden Fall eine Plastikschale, in die die Tiere aber vollständig eintauchen können müssen. Die Temperaturbedingungen müssen den oben geschilderten Ansprüchen bereits vollständig genügen, ebenso Feuchtigkeit und Ernährung. Auch auf Kletter- und Liegeäste darf nicht verzichtet werden. Das Quarantänebecken sollte unbedingt mit Ausnahme der Front von allen Seiten abgedeckt sein.

Sind die Neuzugänge nach zwei Monaten Quarantänezeit bei bes-

## Probleme bei der Haltung

EINgewöhnte Grüne Wasseragamen sind erfreulicherweise sehr unproblematisch und robust. Beobachten Sie Ihre Tiere genau und bilden Sie sich mit der weiterführenden Literatur fort, dann können Sie etwaige Probleme meist schnell selbst erkennen und entsprechend handeln. Kommt Ihnen bei Ihren Tieren etwas seltsam vor, nehmen Sie schnell Kontakt zu erfahrenen Haltern auf und zögern Sie im Zweifelsfall nicht, einen reptilienkundigen Tierarzt aufzusuchen. Solche spezialisierten Veterinäre (ein Hund-Katze-Maus-Tierarzt

In der Quarantänezeit wird das Terrarium nur sehr spartanisch eingerichtet. Alle Ansprüche der Tiere müssen aber erfüllt werden.
Foto: H. Werning

ter Gesundheit, vertragen sich, fressen gut und sind schon ein ordentliches Stück gewachsen, können Sie in ihr vollständig eingerichtetes endgültiges Domizil einziehen bzw. kann das Terrarium nun den eigenen Vorstellungen entsprechend eingerichtet werden.

Vor allem größere Wildfänge, aber auch ältere Nachzuchttiere oder Exemplare, die schon länger bei einem anderen Terrarianer gehalten wurden, sind oft schwierig einzugewöhnen. Sie sind ängstlich, hektisch und springen oder rennen häufig gegen die Scheiben. Deswegen darf das Quarantäneterrarium auf keinen Fall zu klein sein – das provoziert solche Probleme. Wenn die Tiere dazu neigen, gegen die Scheiben zu donnern, muss man sofort reagieren und ggf. auch die Frontscheibe zuhängen (siehe nächstes Kapitel).

kann Ihnen im Regelfall nicht weiterhelfen) sind in einer Arbeitsgemeinschaft der DGHT organisiert und über diese zu erfragen (auch im Internet einsehbar unter www.dght.de). Die häufigsten Probleme bei der Haltung sollen im Folgenden kurz angesprochen werden:

## Mein Tier springt immer vor die Scheibe!

Hier ist höchste Alarmstufe angesagt – das „Scheibenspringen“ ist das häufigste und schwierigste Problem in der Wasseragamenhaltung. Es kann individuell sehr unterschiedlich auftreten und ist nicht auf eine einzige Ursache zurückzuführen. Die häufigsten mitauslösenden Gründe sind:

- zu kleine Terrarien
- Aggressionen zwischen den Tieren im Terrarium, sodass ein Tier häufig zu flüchten versucht
- ungeschickt angebrachte horizontale Liegeäste, die in einem solchen Abstand von der Scheibe stehen, dass die Tiere schon beim normalen Herunterspringen automatisch kollidieren. Wasseragamen nehmen Glas nur schlecht wahr und sind kaum lernfähig.
- Umsetzen in ein neues Terrarium. Manche Wasseragamen verkraften Ortswechsel schlecht und beginnen mit dem Scheibenspringen nach dem Umzug in ein neues (selbst evtl. ein größeres) Terrarium. Daher: geschlechtsreife Tiere möglichst wenig umsetzen.

Wenn Ihr Tier anfängt, gegen die Scheibe zu rennen oder zu springen, müssen Sie möglichst rasch handeln. Sehr schnell entstehen sonst Schnauzenverletzungen, die binnen kurzer Zeit ernste Folgen haben können. Zunächst sind solche angeschlagenen Schnauzen eine optische Beeinträchtigung, denn auch bei abgeheilten Verletzungen regeneriert die Schnauze nicht. Die Verletzungen können aber auch tief reichen und sogar auf die Kieferknochen übergreifen. Hier besteht akute Gefahr für die Echsen (Kiefernekrosen, Entzündungen etc.), und natürlich sind solche Schnauzen, auch wenn sie später abgeheilt sind und die Tiere nicht weiter davon beeinträchtigt werden, ein erheblicher Schönheitsmakel.

**WICHTIG!**
Beginnt Ihre Wasseragame mit dem „Scheibenspringen", warten Sie auf keinen Fall einfach ab, sondern handeln Sie sofort! Irreparabele Verletzungen sind sonst sehr schnell die Folge!

Tritt das Problem auf, sollten Sie als Akut-Maßnahme sofort sämtliche Scheiben verhängen bzw. abkleben. Oft reicht dies schon als Maßnahme, vor allem bei Neuzugängen. Nach einer gewissen Wartezeit kann dann oft auf diesen Sichtschutz verzichtet werden. Prüfen Sie ansonsten, welche Ursache für das Verhalten in Betracht kommt. Ist das Terrarium zu klein? Vertragen sich seine Bewohner nicht? Schaffen Sie dann möglichst schnell Abhilfe.

Manchmal kommt es auch vor, dass keiner der genannten Gründe für das Scheibenspringen verantwortlich gemacht werden kann. Es sind sogar Fälle bekannt, in denen Grüne Wasseragamen in sehr großzügigen Anlagen mit dem Scheibenspringen begannen oder frei in einem großen Terrarienzimmer gehalten wurden, und dennoch ständig gegen die Scheiben eines Terrariums rannten – von außen (siehe Werning 2002). Einige Wasseragamen scheinen sich mit Glas einfach nicht arrangieren zu können. In solchen Fällen helfen nur Konstruktionen im Terrarium wie das Einbringen von Netzen oder Gaze, das Zustellen mit Pflanzen, das Abkleben der unteren Glaspartien etc. – auf jeden Fall muss die Agame wirkungsvoll daran gehindert werden, weiter gegen die Scheibe zu springen.

## Meine Wasseragame verkriecht sich immer und frisst nicht mehr richtig!

Gelegentlich kommt es vor, dass Grüne Wasseragamen sich an dunklen Stellen im Terrarium verstecken, nur noch selten zu sehen sind, nicht richtig fressen und oft auch apathisch wirken. Solches Verhalten ist auf jeden Fall nicht normal und bedarf des Handelns. Die Ursache kann in einer Krankheit zu suchen sein, in unzureichenden Terrarienbedingungen oder in sozialem Stress.

- Krankheit: In den meisten Fällen handelt es sich um Störungen des Kalziumstoffwechsels, bedingt durch falsche Ernährung; in dramatischen Fällen lässt sich eine Knochenerweichung feststellen, am leichtesten am Maul diagnostizierbar, dass dann relativ „biegsam“ ist. Lesen Sie noch einmal

**Leichte Schnauzenverletzung eines Wasseragamenmännchens** Foto: H. Werning

den Abschnitt „Ernährung" und prüfen Sie, ob Sie
a) alle Futterinsekten mit einem geeigneten Vitamin-Mineralstoff-Präparat eingepudert haben,
b) alle gekauften Futtertiere 1–2 Tage vor dem Verfüttern gut angefüttert haben,
c) die Nahrungspalette abwechslungsreich genug ist. Als Hauptfutter sollen Grillen, Heimchen oder Heuschrecken dienen, Mehlwürmer und Wachsmaden dürfen nur zur Ergänzung gereicht werden.
Wenn es tatsächlich zu solchen Krankheitsbildern gekommen ist, hilft neben der Umstellung der Ernährung unterstützend auch der Einsatz von UV-Bestrahlung. Bestrahlen Sie die Wasseragamen einmal täglich für etwa 20 Minuten aus einem Abstand von ca. 1 m mit der „UltraVitalux" von Osram (300 W), achten Sie aber darauf, dass die Tiere sich aus dem Strahlungsbereich zurückziehen und nicht überhitzen können.

- Falsche Haltungsbedingungen: Grüne Wasseragamen reagieren auch mit Rückzug, wenn die Terrarienbedingungen nicht geeignet sind. Ist es zu kalt oder zu warm im Terrarium? Gibt es Sonnenplätze, an denen die Tiere sich nach Bedarf aufwärmen können? Ist es zu trocken? Überprüfen Sie noch einmal alle Haltungsbedingungen und vergleichen Sie diese mit den Angaben in den Kapiteln zuvor.

- Sozialer Stress: Wie im Kapitel „Vergesellschaftung" angeführt, können Grüne Wasseragamen sehr zänkisch sein. Auch wenn Sie keine direkten Auseinandersetzungen beobachten, kann der soziale Stress für unterlegene Tiere massiv werden und dazu führen, dass diese sich mehr und mehr zurückziehen, nicht mehr richtig ans Futter gehen und immer inaktiver werden. Hier helfen nur das Herausnehmen und die getrennte Unterbringung. Besonders häufig tritt dies bei scheinbaren Pärchen auf, bei denen ein Tier aber nur ein unterdrücktes, nicht erkanntes Männchen ist.

## Meine Wasseragamen nicken immer und drehen so seltsam ihre Arme!

Auseinandersetzungen gehören zum normalen Verhaltensspektrum der Wasseragamen, auch in gut harmonierenden Gruppen oder bei Pärchen gibt es regelmäßig kleinere Auseinandersetzungen, Imponier- und Drohverhalen. Das Kopfnicken gehört zu diesem Drohverhalten, ebenso das oft recht putzig aussehende „Winken“ oder „Armdrehen“. Auch sich an solches Imponierverhalten anschließende kürzere Verfolgungsjagden gehören zum normalen Verhalten und sind kein Grund zur Sorge, wenn solche Auseinandersetzungen nicht lange andauern und die Tiere ansonsten friedlich zusammen leben und keines beginnt, schlechter zu fressen oder sich zurückzuziehen. Und natürlich gehören auch zum Paarungsverhalten ein hohes Maß an Imponier- und Abwehrverhalten sowie wilde Jagden durch das Terrarium (siehe nächstes Kapitel). Näheres zu den zahlreichen und gut dokumentierten sozialen Verhaltensweisen der Grünen Wasseragame können Sie bei WERNING (2002) erfahren.

**Gesunde Wasseragamen beobachten aufmerksam ihre Umgebung und verkriechen sich nicht in dunkle Verstecke.** Foto: H. Werning

# Vermehrung im Terrarium

WENN Grüne Wasseragamen sich wohl fühlen und richtig gehalten werden, ist ihre Nachzucht kein großes Kunststück. Inzwischen liegen Berichte über die Nachzucht über drei Generationen vor (WERNING 2002), Jungtiere werden regelmäßig in Kleinanzeigen und auf Börsen angeboten. Durch den Preisverfall, der durch die Billig-Importe ausgelöst wurde, haben viele Wasseragamenzüchter heute leider sogar Schwierigkeiten, Abnehmer für ihre Nachzuchten zu finden, und verzichten gleich ganz auf das Ausbrüten der Gelege. Eine traurige Entwicklung, wie sie auch z. B. beim Grünen Leguan auftritt.

**Die Paarung erfolgt in typischer „Agamen-Manier".**
Foto: H. Werning

## Paarungsverhalten

Als Bewohner tropischer Zonen sind Grüne Wasseragamen in der Natur nicht dem Wechsel von Winter und Sommer ausgesetzt, sondern dem von Regen- und Trockenzeit. Langjährige Erfahrungen zeigen, dass dieser im Terrarium allerdings nicht simuliert werden muss, um die Tiere zur Fortpflanzung zu stimulieren. Grüne Wasseragamen können sich das ganze Jahr über vermehren, es gibt im Terrarium meist keine feste „Fortpflanzungssaison". Manche Züchter halten ihre Tiere zwei Monate bei etwas niedrigeren Temperaturen und bei kürzerer Beleuchtungsdauer, um ihnen so eine Ruhepause zu gönnen und danach die Fortpflanzungsaktivität zu steigern.

Das Paarungsverhalten der Grünen Wasseragame ist sehr „agamentypisch". Das Männchen beginnt mit dem Werben, indem es sich seitlich etwas abflacht, um größer und beeindruckender zu erscheinen, rhythmisch mit dem Kopf nickt und sich dem Weibchen so allmählich nähert. Das Weibchen erwidert dieses Balzverhal-

**Trächtiges Weibchen an seiner Eiablagestelle** Foto: H. Werning

ten entweder durch abwehrende oder drohende Gesten (z. B. Nicken, Armwinken), es flieht oder es hält still. Im Regelfall verfolgt das Männchen das flüchtende Weibchen – dieses Ritual scheint zur Balz zu gehören, regelmäßige Verfolgungsjagden zur Paarungszeit sind also kein Grund zur Beunruhigung. Manchmal signalisiert das Weibchen durch Stehenbleiben und Anheben der Schwanzwurzel aktiv seine Paarungsbereitschaft, in den meisten Fällen ist für den Beobachter aber nicht ersichtlich, wann es so weit ist: Das Männchen packt nun einfach zu und beißt sich im Nackenbereich des Weibchens fest – der so genannte Paarungsbiss. Anschließend legt es ein Bein über die Schwanzwurzel des Weibchens und dreht seine Kloake unter die der Partnerin. Dann führt es einen Hemipenis in die Kloake des Weibchens ein. Die Paarung dauert nur einige Minuten. Genaue Beschreibungen zum Ablauf von Balz und Paarung können Sie bei Werning (2002) nachlesen.

## Trächtigkeit und Eiablage

Trächtige Weibchen fressen besonders viel, man sollte bei ihnen die Fütterungshäufigkeit etwas erhöhen; bei ihnen gilt es in besonderem Maß, darauf zu achten, dass die Vesorgung mit Vitaminen und Mineralstoffen ausreichend ist und dass die Futtertiere selbst gut genährt sind. Denn Weibchen können mehrere Male im Jahr Gelege produzieren und werden auf diese Weise stark „beansprucht". Deswegen ist es speziell nach der Eiablage wichtig, sie häufig und gut zu füttern.

Das Weibchen wird während der Trächtigkeit in der hinteren Körperhälfte zunehmend rundlicher, allerdings längst nicht immer so auffällig wie bei vielen anderen Echsen. Man muss also schon gut beobachten, um die Trächtigkeit vor allem sehr junger oder alter Weibchen, die nur wenige Eier legen, zu erkennen.

**Die Eiablage erfolgt in eine zuvor vom Weibchen angelegte Grube.** Foto: P. Velensky

Einige Tage vor der Eiablage beginnt das Weibchen, nach einer passenden Eiablagestelle zu suchen. Es wird unruhig und tätigt überall im Terrarium Probegrabungen. Es ist von großer Wichtigkeit, dass passende Eiablagestellen vorhanden sind. Diese sollten 20 cm hoch mit feuchtem Substrat aufgefüllt sein, eine Bodentemperatur von tagsüber ca. 25–30 °C aufweisen und nicht über einem Heizkabel o. Ä. liegen, damit die Temperatur nicht – entgegen den natürlichen Verhältnissen – von oben nach unten ansteigt. Die Weibchen stellen ansonsten keine besonderen Anforderungen an den Eiablageplatz; Schlupfkisten wie beim Grünen Leguan sind nicht erforderlich. Meist bevorzugen Wasseragamenweibchen Terrarienecken oder Plätze direkt an Ästen, Blumentöpfen oder anderen Gegenständen. Die Phase der Probegrabungen zieht sich meist über mehrere Tage bis zu einer Woche hin.

Schließlich hebt das Weibchen eine Grube aus, die ungefähr so tief ist, dass es gerade hineinpasst, dreht sich um und legt dort die Eier ab. Der Vorgang kann einige Stunden in Anspruch nehmen. Anschließend wird die Grube wieder sorgfältig zugescharrt und gut getarnt. Auch hier gilt es, gut zu beobachten – es ist sonst leicht möglich, dass man die Stelle gar nicht bemerkt.

Nach der Eiablage müssen die Weibchen einige Tage besonders gut und täglich gefüttert werden.

**Der Schlupf beginnt!** Foto: T. Schreckenbach

Pro Gelege setzen normale erwachsene Weibchen der Grünen Wasseragame 7–12 Eier ab. Bei jungen oder sehr alten Tieren nimmt die Eizahl pro Gelege (ebenso wie die Häufigkeit der Gelege) ab. Als Rekordwert wurden 23 Eier in einem Gelege bekannt. Die Eier messen bei der Ablage etwa 20–28 x 10–16 mm und wiegen 2,5–3,4 g. Bis zum Schlupf wachsen sie auf eine Größe von 30–40 x 22–30 mm und eine Masse von 3–4 g (WERNING 2002).

## Inkubation

Der Pfleger sollte die Eier möglichst bald nach der Ablage vorsichtig freilegen, aus dem Terrarium entnehmen und in einen Brutkasten überführen. Hierfür eignen sich käufliche Brutapparate ganz hervorragend, man kann aber auch mit wenig Aufwand selbst ein solches Gerät bauen; die beiden einfachsten Varianten sind die „Aquarienmethode" oder ein „Flächenbrüter" aus einer Styroporbox (genaue Erläuterungen bei WERNING 2002). Für welchen Grundtyp man sich auch entscheidet – die Eier kommen in separate kleine Brutboxen, z. B. passende Plastikdosen. Diese füllt man zu zwei Dritteln mit dem Inkubationssubstrat. Dafür hat sich vor allem der Dämmstoff Vermiculit bewährt, den es im Terraristikhandel für diesen Zweck zu kaufen gibt, man kann aber auch z. B. Perlit, Blumenerde-Sand-Gemische oder Sand nehmen. Das Inkubationssubstrat soll feucht, darf aber nicht nass sein. Die richtige Feuchtigkeit hat man meist, wenn das Substrat nur dann tropft, wenn man es kraftvoll in der Faust zusammenpresst. Bei grobkörnigem Vermiculit gibt man etwa 200 ml Wasser auf 1 l Substrat.

Ein- bis zweimal wöchentlich kontrolliert man die Brutboxen, indem man die Eier betrachtet und das Brutsubstrat mit den Fingern auf seine Feuchtigkeit hin prüft. Bei dem somit nötigen Öffnen der Brutbox findet auch der nötige Gasaustausch statt, sodass man besser Boxen ohne Luftlöcher nimmt, da die Feuchtigkeit sich darin besser hält. Eier, die ein wenig einfallen, liegen wahrscheinlich zu trocken. Durch Nachfeuchten des Substrates kann dies schnell und einfach behoben werden; wenn man es früh genug entdeckt, regenerieren sich die Eier in 1–2 Tagen. Liegen sie zu feucht, beulen sie in Richtung des Substrates aus. Es besteht die Gefahr, dass sie schließlich platzen; daher muss in so einem Fall sofort auf trockeneres Substrat umgebettet werden.

Die Inkubationstemperatur sollte zwischen 28 und 30 °C liegen. Wasseragameneier sind aber

**Nach der Eiablabe birgt man die Eier aus dem Terrarium, um sie in den Brutkasten zu überführen.** Foto: P. Velensky

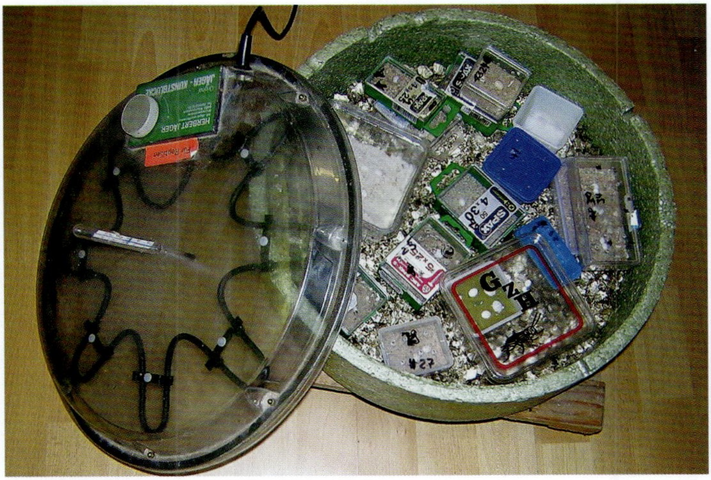

**Inkubator mit Gelegen** Foto: M. Barts

recht unempfindlich. Sie können unter konstanten Temperaturbedingungen ebenso erfolgreich gezeitigt werden wie mit einer Nachtabsenkung. Bei größeren Temperaturschwankungen oder niedrigeren Inkubationstemperaturen dauert die Zeitigung länger, bei höheren Temperaturen geht sie schneller. Über 32 °C darf die Temperatur aber nicht steigen, unter 24 °C sollte sie nicht fallen.

Je nach Inkubationsbedingungen schlüpfen die Jungen nach 60–99 Tagen; im Normalfall, bei konstanter Zeitigung bei etwa 29–30 °C, dauert es ca. 65–70 Tage. Der Schlupf beginnt manchmal mit dem „Schwitzen" der Eier: Es bilden sich kleine Flüssigkeitstropfen auf der Eihülle. Bald darauf schlitzen die jungen Agamen mit ihrem Eizahn – ein nur für diesen Einsatz gebildetes scharfes Zähnchen, das bald darauf ausfällt – die Eihülle an, meist in einer Pol-Region des Eis. Anschließend strecken sie den Kopf heraus und atmen zum ersten Mal Luft. In dieser Stellung verharren die Schlüpflinge meist einige Stunden, bis sie das Ei schließlich ganz verlassen. Es ist normal, dass die Jungen nicht alle gleichzeitig schlüpfen. Zwischen dem ersten und dem letzten Schlüpfling können durchaus 1–2 Tage liegen. Auf Schlupfhilfeversuche sollte man verzichten. Die Gefahr ist größer, dass man zu früh öffnet, als dass tatsächlich einmal z. B. die Eischalen zu dick sind, sodass die Jungen sich nicht aus eigener Kraft befreien können. Schwächliche oder nicht schlupffähige Jungtiere sind in aller Regel auf eine unzureichende Vitamin- und Mineralstoffversorgung der

**DER PRAXISTIPP**

Die Eier sollten während der Inkubation nicht um ihre Längsachse gedreht werden. Daher markiert man am besten die Oberseite mit einem weichen Bleistift, um ein versehentliches Verdrehen zu verhindern.

**DER PRAXISTIPP**
Der ideale Abgabetermin für Nachzuchten ist im Alter von etwa vier Monaten. Die Kleinen sind dann 20-25 cm lang und aus dem Gröbsten raus, aber noch jung genug, um sich problemlos in das Terrarium des zukünftigen Halters einzugewöhnen. Eine Geschlechtsbestimmung in diesem Alter ist allerdings noch nicht sicher möglich.

Eltern zurückzuführen.

Die Jungen haben anfangs oft noch einen Dottersackrest. Am besten setzt man sie unter Brutkastenbedingungen in eine kleine Plastikbox mit feuchtem Fließpapier, bis dieser endgültig resorbiert ist.

Die frisch geschlüpften Jungtiere haben eine Gesamtlänge von 13,0–16,5 cm, die Kopf-Rumpf-Länge beträgt etwa 4,5–5,5 cm. Sie wiegen 2,5–3,5 g.

## Aufzucht

Die Aufzucht junger Wasseragamen ist im Vergleich zu derjenigen der meisten anderen Echsen glücklicherweise unproblematisch.

Die Schlüpflinge gehen meist nach 2–3 Tagen erstmals ans Futter, wenn die Restvorräte des Dottersacks aufgebraucht sind. Als Erstfutter bietet man kleine Heimchen, Grillen, hin und wieder eine kleine Wachsmade und auch Große Fruchtfliegen (*Drosophila hydei*), die sich als „Vitaminbonbons" hervorragend eignen, da sie einerseits auf einem nahrhaften Medium gezüchtet werden und entsprechend „gefüllt" sein sollten, andererseits kann man sie hervorragend mit Vitamin-Mineralstoff-Puder bestäuben; bei ihrer großen Oberfläche bleibt besonders viel Pulver pro Masseneinheit Fliege haften. In den ersten zwölf Wochen füttert man die kleinen Agamen täglich bis zur Sättigung. Hier ist es besonders wichtig, auf das permanente Einpudern des Futters zu achten, zumindest wenn man auf UV-Bestrahlung verzichtet. In den kleineren Aufzuchtterrarien kann es sinnvoll sein, Leuchtstofflampen mit UV-Anteil einzusetzen. Diese nutzen aber nur etwas, wenn sich kein Glas zwischen Lampe und Echsen befindet (da normales Glas UV-Licht ausfiltert) und wenn die Tiere sich häufig nicht weiter als 30 cm von der Lampe entfernt aufhalten (viel weiter sind die UV-Strahlen bei diesen Lampen nicht wirksam).

In den ersten Tagen kann man die kleinen Agamen noch problemlos in Kleinterrarien (z. B. „Faunabox") pflegen, dann sollte man sie aber schon recht bald in ihr eigentliches Aufzuchtterrarium (siehe Kapitel: „Das Terrarium") umsetzen, in dem man sie bis zur Abgabe an andere Terrarianer oder den Händler des Vertrauens pflegt.

Bis zum Alter von etwa einem halben Jahr können die Jungen häufig noch unabhängig vom Geschlecht gemeinsam aufgezogen werden; allerdings ist das auch nicht immer so, denn manchmal tragen schon wenige Wochen alte Tiere heftige Auseinandersetzungen untereinander aus, die dazu führen, dass man sie trennen muss. Mit einem halben Jahr messen die Nachzuchten – abhängig von den Terrarienbedingungen und der Fütterung – durchschnittlich etwa 35–40 cm bei den Männchen, während die Weibchen meist die 30 cm noch nicht erreicht haben. Männchen wiegen jetzt 40–65 g, Weibchen 20 g. Aber noch einmal: Dies sind nur Durchschnittswerte – eine Geschlechtsbestimmung ist durch die Maße nicht möglich.

Im Alter von einem Jahr haben die Nachzuchten annähernd die Länge der Eltern erreicht, aber noch längst nicht deren Masse. Jetzt sollten die Tiere die Geschlechtsreife erlangt haben.

**DER PRAXISTIPP**

Man muss bei der gemeinsamen Aufzucht darauf achten, dass keines der Jungen zurückbleibt und dann in der Gruppenhierarchie zu weit „absteigt". Solche „Kümmerlinge" fressen zunächst nicht mehr genug, schließlich scheinen sie regelrecht „aufzugeben" – selbst wenn man sie nun separiert, sind sie oft nicht mehr zu retten. Deshalb muss man die Gruppen gut beobachten und bei Bedarf die schwächeren Tiere aussortieren und nach „Größenklassen" neu zusammensetzen.

**Frisch geschlüpfte Wasseragame** Foto: T. Schreckenbach

## Probleme bei der Nachzucht

OBWOHL die Nachzucht bei Grünen Wasseragamen also relativ problemlos gelingen kann und man an den munteren Jungtieren viel Freude haben wird, kann es doch zu Problemen bei der Vermehrung kommen. Die häufigsten Aspekte sollen im Folgenden kurz angesprochen werden.

### Mein Wasseragamen-Männchen verfolgt ständig das Weibchen!

Wilde Verfolgungsjagden durch das Terrarium zur Paarungszeit sind ganz normal, sie scheinen sogar zum Balzspiel dieser Art zu gehören. Solange das Terrarium groß genug ist und sich die Tiere dabei nicht verletzen, indem sie gegen die Scheiben springen, ist das kein Grund zur Beunruhigung, sondern Teil des natürlichen Verhaltens. Es kann aber tatsächlich vorkommen, dass ein Männchen das Weibchen zu sehr bedrängt. Manchmal kommt es so häufig zu Paarungen, dass das Weibchen durch die ständigen Nackenbisse Fleischwunden im Nackenbereich aufweist. In so einem Fall ist es am sinnvollsten, die Tiere eine Weile zu trennen. Aber Vorsicht: Den Fortpflanzungsrhythmus selbst hält das kaum auf, weil die Weibchen in der Lage sind, Sperma eine gewisse Zeit lang zu speichern.

**Die kleinen Wasseragamen begeistern jeden Echsenfreund!**
Foto: H. Werning

### Mein Wasseragamen-Weibchen laugt von den vielen Gelegen aus!

Grüne Wasseragamen können so produktiv sein, dass die Weibchen tatsächlich sehr stark beansprucht werden. Bei erfahrenen Haltern ist das meist kein Problem, da sie die „Sonderbehandlung" bei der Fütterung für Weibchen, die trächtig sind oder frisch abgelegt haben, gut im Griff haben. Unerfahrene Pfleger können hier aber schnell Fehler machen: Verzeihen erwachsene Wasseragamen Fütterungsfehler (Mängel durch zu einseitige, nicht richtig angefütterte, nicht mit Vitaminen und Mineralstoffen angereicherte Nahrung) noch, ohne dass ihnen Probleme anzumerken wären, reagieren im Fortpflanzungsstress stehende Weibchen rasch, denn sie verbrauchen ihre Ressourcen stark durch die Bildung der Gelege. Also: vor allem auf die richtige Fütterung achten!

Nach jeder Eiablage sollte das Weibchen einige Tage lang besonders gut und täglich gefüttert werden.

In schlimmen Auszehrungs-Fällen ist es sinnvoll, das Weibchen eine Weile einzeln zu halten und regelrecht aufzupäppeln. Aber auch hier gilt: Der Legemarathon ist aufgrund der möglichen Spermaspeicherung so nicht auf die Schnelle zu unterbinden.

## Mein Wasseragamen-Weibchen legt seine Eier nicht!

Legenot ist ein ernstes Problem und wohl die häufigste Todesursache erwachsener Wasseragamen-Weibchen im Terrarium. Als Legenot wird bezeichnet, wenn das Weibchen die legereifen Eier nicht absetzt. Die Folge ist, dass die Eier schließlich im Körper absterben, regelrecht vergammeln und dadurch Entzündungs- und Vergiftungserscheinungen auslösen, an denen das Weibchen nach kurzer Zeit stirbt. Es gibt zwei Ursachentypen: die seltene organische und die häufige psychogene Legenot. Von einer organischen Legenot spricht man, wenn aus „technischen" Gründen (Organfehler, zu große Eier, zu kleines Becken, völlige Auszehrung des Muttertiers) eine Ablage gar nicht möglich ist. Hier kann nur der (sehr) reptilienkundige Tierarzt helfen. Eine psychogene Legenot dagegen wird durch mangelnde Eiablagemöglichkeiten oder Stress ausgelöst. Prüfen Sie:

- Gibt es im Terrarium mehrere Eiablagemöglichkeiten mit hohem Substrat in richtiger Feuchte und mit geeigneter Temperatur? Kein umgekehrtes Temperaturgefälle mit steigenden Temperaturen nach unten hin? (siehe Kapitel „Eiablage")

**DER PRAXISTIPP**

Achten Sie im normalen Jahresverlauf darauf, Ihre Tiere nicht zu überfüttern. Zu üppig ernährte Weibchen bilden besonders häufige und besonders große Gelege aus, was wiederum zu „Auslaugungsproblemen" führen kann.

**Weibchen müssen nach einer Eiablage gut betreut werden, damit sie nicht „auslaugen".**
Foto: H. Werning

- Wird das Weibchen von Geschlechtsgenossinnen unterdrückt oder gar von einem anderen trächtigen Weibchen am Benutzen der Eiablagestelle gehindert?
- Bedrängt das Männchen das Weibchen trotz seiner Trächtigkeit?
- Sind andere Tiere im Becken, die Stress verursachen könnten?
- Ist das Weibchen erst vor kurzem in das Terrarium eingezogen, gab es anderen größeren Stress?

Hochträchtige Weibchen dürfen unter normalen Umständen auf keinen Fall transportiert oder umgesetzt werden; solche Stress-Erlebnisse können sonst eine Legenot auslösen. Also im Zweifelsfall immer störende Mitbewohner aus dem Terrarium entfernen, nicht das trächtige Weibchen. Hat man aus irgendeinem Grund ein trächtiges Weibchen gerade erst erhalten oder umgesetzt, oder musste es z. B. wegen einer Erkrankung zum Tierarzt, besteht die Gefahr, dass auch dieser Stress eine Legenot verursacht hat. In solchen Fällen hilft nur Ruhe. Sind die Eiablagemöglichkeiten nicht optimal, müssen sie umgehend verbessert werden. Sie sollten aber möglichst bereits vor der akuten Phase zur Verfügung stehen, also schon „fertig“ sein, ehe das Weibchen mit den Probegrabungen beginnt.

Hört das Weibchen mit den Probegrabungen auf und benimmt sich zunächst wieder ganz normal, frisst weiter und unternimmt nichts mehr, dann gilt die höchste Alarmstufe. Spätestens nach 3–4 Tagen sollte man dann das Tier einem Tierarzt vorstellen, da die Wahrscheinlichkeit einer Legenot groß ist. Der Arzt wird zunächst diagnostizieren, ob überhaupt Eier vorhanden sind und ob nicht vielleicht doch der seltene Fall einer organischen Legenot vorliegt. Handelt es sich um eine psychogene Legenot, wird er zunächst eine Behandlung mit dem Wehen auslösenden Hormon Oxytocin versuchen. Führt auch diese nicht zum Erfolg, muss operiert werden. Die Überlebenschancen für das Tier stehen bei einer solchen Operation – bei einem erfahrenen Reptilien-Veterinär – recht gut. Wichtig ist, dass man nicht zu lange zögert – bei bereits fortgeschrittenen Entzündungsprozessen in der Leibeshöhle ist meist nichts mehr zu retten.

## Meine Wasseragamen vermehren sich einfach nicht!

Tja... Derartige Anfragen sind natürlich immer schwer zu beantworten. Prüfen Sie alle in diesem Buch genannten Haltungsbedingungen. Stimmen Ernährung, Temperatur, Einrichtung, Sozialstruktur, Feuchtigkeit? Wenn ja, gibt es mehrere Möglichkeiten:

- Sie haben gar kein Pärchen. Klingt vielleicht etwas blöd, kommt aber tatsächlich häufiger vor, als man meinen sollte. Die Ausprägung der Geschlechtsmerkmale ist bei jungen Männchen extrem variabel. Wird das Männchen auch noch durch einen Geschlechtsgenossen unterdrückt, können sich regelrechte „Pseudo-Weibchen“ entwickeln, die selbst von erfahrenen Haltern nicht als Männchen erkannt werden. So weibchenartig diese auch aussehen – Eier legen sie natürlich nicht. Hier hilft eine Trennung. Ist das dominante Männchen außer Sichtweite, kann sich das unterlegene Tier entfalten und entwickelt dann

**DER PRAXISTIPP**

Vor allem junge Weibchen sind besonders legenotgefährdet. Das Problem tritt verstärkt dann auf, wenn die Tiere zu viel gefüttert wurden; dies scheint eine zu frühzeitige Reifung und zu große Gelegebildung zu begünstigen. Füttern Sie Ihre Tiere generell nicht zu üppig!

meist auch erkennbare Geschlechtsmerkmale.

- Ihre Tiere sind zu jung. Bei jungen Pärchen oder Gruppen, die gerade erst die Geschlechtsreife erlangt haben, klappt es mit der Nachzucht oft noch nicht. Dies ist eigentlich eher positiv zu werten, denn gerade sehr junge Weibchen sind leichter anfällig für Legenot.
- Sie können versuchen, die Tiere durch eine Veränderung der Terrarienbedingungen zu stimulieren. Gönnen Sie ihnen eine zweimonatige Ruhepause bei nur acht Stunden Beleuchtung, niedrigeren Temperaturen und trockenerer Haltung. Fahren Sie danach alles wieder auf Normalbetrieb hoch und sprühen sie besonders häufig. Oft löst diese jahreszeitliche Schwankung dann die Fortpflanzungsstimmung aus.

## Die Jungtiere sterben voll entwickelt im Ei oder wenige Tage nach dem Schlupf!

Wenn nicht sehr grobe Haltungsfehler (Extremtemperaturen, extreme Trockenheit oder Nässe) dafür verantwortlich sind, handelt es sich eigentlich immer um eine

**Eine abwechslungsreiche, hochwertige Ernährung der Elterntiere ist Grundvoraussetzung für erfolgreiche Nachzuchten!** Foto: M. Schmidt

mangelhafte Vitamin- und Mineralstoffversorgung der Eltern. Lesen Sie noch einmal das Kapitel „Ernährung" und füttern Sie abwechslungsreicher und mit mehr bzw. anderen Vitamin-Mineralstoff-Präparaten. Nach 1–2 weiteren Gelegen sollten die Probleme dann behoben sein.

**Gesunde junge Wasseragamen sind äußerst aufmerksam und niemals „schlapp".** Foto: M. Schmidt

## Die Jungtiere sind so schlapp!

Kleine Wasseragamen sind lebhaft und putzmunter. Wenn sie einen schlappen Eindruck machen, sich auch bei Annäherung nicht recht bewegen und nicht viel oder gar nicht fressen, sind sie krank. Auch hier gilt: Alle Haltungsbedingungen prüfen (zu warm/kalt/trocken/nass? zu großer Stress durch zu dichten Besatz?), vor allem aber auf die Ernährung achten. In den meisten Fällen handelt es sich um rachitische Erscheinungen durch Mangelernährung.

# Weitere Informationen

ZUR Vertiefung der in diesem Buch gegebenen Informationen und zum gründlichen Einblick in terraristische und herpetologische Themenbereiche empfehlen sich die Mitgliedschaft in einem Verein gleich gesinnter Terrarianer sowie ein intensives Literaturstudium. Die folgenden Auflistungen sollen dabei behilflich sein, einen Einstieg in die Thematik zu finden, können aber natürlich nur einen kleinen Ausschnitt aufzeigen.

## Vereine und Interessengruppen

Die Deutsche Gesellschaft für Herpetologie und Terrarienkunde (DGHT, www.dght.de, DGHT e.V., Postfach 1421, 53351 Rheinbach, Tel.: 02225-7033 33, E-Mail: gs@ dght.de) ist mit über 8.000 Mitgliedern die weltweit größte Gesellschaft ihrer Art und bringt Wissenschaftler und Hobbyherpetologen zusammen. Mitglieder erhalten vierteljährlich mindestens drei verschiedene herpetologisch/terraristische Zeitschriften.

Innerhalb der DGHT existiert die „AG Agamen" als Zusammenschluss interessierter Pfleger. Die AG beschäftigt sich intensiv mit dieser vielseitigen Reptiliengruppe (Biologie, Vorkommen, Terrarienhaltung) (Kontakt: Martin Dieckmann, Dambergskamp 12, D-59071 Hamm, Tel.: 02381-78426, E-Mail Dieckmannhamm@web.de). Sie gibt gemeinsam mit der AG Iguana das Iguana-Rundschreiben heraus, das sich auch mit Agamen beschäftigt.

## Untersuchungsstellen

Kotproben, Sektionen und andere Untersuchungen können von spezialisierten Tierärzten oder von veterinärmedizinischen Untersuchungsstellen, die es in vielen Städten gibt, vorgenommen werden. Eine Liste mit Tierärzten, die sich mit Reptilien und Amphibien beschäftigen, kann über die DGHT bezogen oder auf www.dght.de eingesehen werden. Überregional bekannt sind z. B. folgende Einrichtungen:

- Exomed
Erich-Kurz-Str. 7
10319 Berlin
Tel.: 030-5112008
E-Mail: labor@exomed.de
www.exomed.de

- Universität München
Institut für Zoologie, Fischereibiologie und Fischkrankheiten der tierärztlichen Fakultät
Kaulbachstr. 37
80539 München
Tel.: 089-2180-2687
E-Mail: office@zoofisch.vetmed.uni-muenchen.de
www.vetmed.lmu.de/zoofisch/

- Chemisches und Veterinäruntersuchungsamt Ostwestfalen-Lippe
Westerfeldstr. 1
32758 Detmold
Tel.: 05231-9119
E-Mail: poststelle@svua-detmold.nrw.de
www.cvua-owl.nrw.de

- Vet Med Labor GmbH
Mörikestraße 28/3
71636 Ludwigsburg
Tel.: 01802-838633
E-Mail: info@vetmedlabor.de
www.vetmedlabor.de
(für privat nur über Ihren Tierarzt)

## Zeitschriften

- REPTILIA, TERRARIA
Terraristik-Fachmagazine
erscheinen je sechs Mal jährlich
mit RepTV, der Kleinanzeigen- und Fernsehzeitschrift für Terrarianer
Natur und Tier - Verlag GmbH
An der Kleimannbrücke 39/41
48157 Münster
Tel.: 0251-133390
E-Mail: verlag@ms-verlag.de
www.ms-verlag.de

- DRACO
Terraristik-Themenheft
erscheint vier Mal jährlich
Natur und Tier - Verlag, s. o.

- Sauria
Terraristik und Herpetologie
erscheint vier Mal jährlich
Terrariengemeinschaft Berlin e.V.
Bruno Treu, Christstr. 10
14059 Berlin
E-Mail: abo@sauria.de
www.sauria.de

- DATZ
Die Aquarien- und Terrarien-Zeitschrift
erscheint monatlich
Verlag Eugen Ulmer
Wollgrasweg 41
70599 Stuttgart
www.datz.de

# Dank

*Mein Lektor Kriton Kunz wies mich darauf hin, dass an dieser Stelle noch ein Abschnitt „Dank" hingehört, den ich diesmal ganz vergessen hatte. Und Recht hat er, der Lektor! Dafür, dass er immer wieder solch richtige und schöne Anmerkungen macht, eine Fehlerquote aufdeckt, die mir die Schamesröte ins Gesicht treibt, und selbst bei der x-ten Version noch den Überblick behält, sei ihm hier einmal mehr für die gute Zusammenarbeit gedankt! Dank geht auch an das gesamte Team vom Natur und Tier - Verlag, besonders an Matthias Schmidt als Verleger und Ludger Hogeback als Gestalter dieses Buches. Außerdem danke ich Mirko Barts, Ingo Fritzsche, Matthias Schmidt, Tobias Schreckenbach und Petr Velensky für Bildmaterial. Gerade bei der Wasseragamenhaltung bin ich meiner Mutter zu größter Dankbarkeit verpflichtet, die seit fast 15 Jahren den größeren Teil unseres Bestandes in Münster pflegt, während ich nur die Agamen-Urgroßeltern mit nach Berlin genommen habe. Ach, und wo ich schon mal dabei bin – Dank an: Horst Liesack, Dieter Schmidt und Harald Endig für Fachsimpeleien über Wasseragamen und den ganzen Rest, an Mirko Barts und die TGB für zuverlässig freundliches Anpflaumen und Unterstützen, an die Nervensägen in den Foren dafür, dass sie den Blick schärfen und zu Gelassenheit zwingen, an meinen Büronachbarn Marco Vanselow für die Urlaubs- und Auswärtsvertretung bei der Pflege, an Tarik vom Gaagan-Restaurant für die zuverlässige Redaktionsbeköstigung sowie an das Hinterhaus der Seestr. 101 fürs freundliche Grüßen durch das Redaktionsfenster und Nichtbeschweren bei Gezirpe. Danke, danke, danke. So, Lektor, zufrieden jetzt?*

# Verwendete und weiterführende Literatur

DIESES „Art für Art"-Büchlein kann nur als erste Grundinformation zur Haltung und Nachzucht der Grünen Wasseragame dienen. Um das Verhalten Ihrer Tiere richtig zu verstehen, empfehle ich Ihnen mein weit ausführlicheres Buch „Wasseragamen und Segelechsen" (WERNING 2002), in dem alle wichtigen wissenschaftlichen Erkenntnisse und viele Sonderfälle bei der Terrarienhaltung umfassend dargestellt werden. Wer sich darüber hinaus noch tiefer in das Thema einarbeiten möchte, muss auf Original-Arbeiten zurückgreifen. Eine annähernd vollständige Bibliographie habe ich für Wasseragamenhalter zusammengestellt; sie ist im „Iguana-Rundschreiben" (zu beziehen über die DGHT) publiziert worden (IGUANA-Rundschreiben 17[2] [2004]: S. 18–31).

Um sich auf dem Gebiet der Terraristik allgemein weiterzubilden, empfehle ich neben der Lektüre der Fachzeitschriften folgende Bücher:


BRUSE, F., M. MEYER & W. SCHMIDT (2003): PraxisRatgeber Futtertierzucht. – Edition Chimaira, Frankfurt/M., 143 S.

FRIEDERICH, U. & W. VOLLAND (1998): Futtertierzucht.– Ulmer Verlag, Stuttgart, 192 S.

HENKEL, F.-W. & W. SCHMIDT (1997): Terrarien, Bau und Einrichtung. – Ulmer Verlag, Stuttgart, 178 S.

HENKEL, F.-W. & W. SCHMIDT (1997): Agamen im Terrarium. – Landbuch-Verlag, Hannover; 151 S.

KÖHLER, G. (1997): Inkubation von Reptilieneiern.– Herpeton Verlag, Offenbach, 205 S.

MANTHEY, U. & N. SCHUSTER (1999): Agamen. – Natur und Tier - Verlag, Münster, 120 S.

RAUH, J. (2000): Grundlagen der Reptilienhaltung. – Natur und Tier - Verlag, Münster, 215 S.

ROGNER, M. (1992): Echsen 1. – Ulmer Verlag, Stuttgart, 281 S.

SCHWARZ, B. & W. SCHWARZ (2001): Bromelien, Orchideen und Farne im Tropenterrarium. – Natur und Tier - Verlag, Münster, 128 S.

WERNING, H. (2002): Wasseragamen und Segelechsen. – Natur und Tier - Verlag, Münster, 128 S.

WILMS, T. (2004): Terrarieneinrichtung. – Natur und Tier - Verlag, Münster, 128 S.

ZIEGLER, T. (2002): Die Amphibien und Reptilien eines Tieflandfeuchtwald-Schutzgebietes in Vietnam. – Natur und Tier - Verlag, Münster, 344 S.